谨以此书献给——
光荣的地质队员和
牺牲在山野的无名队友！

他山之石，可以攻玉。
——《诗经·小雅·鹤鸣》

至诚则金石为开。
——刘歆

臣心一片磁针石，不指南方不肯休。
——文天祥

土生万物，万物归土。
——《周易》

刘兴诗

—— 著 ——

刘兴诗爷爷讲地球

大地的宝藏

上册

矿物、岩石和土壤

长江出版传媒 | 长江文艺出版社

图书在版编目（CIP）数据

大地的宝藏：矿物、岩石和土壤：全二册 / 刘兴
诗著. -- 武汉：长江文艺出版社，2023.10
　　（刘兴诗爷爷讲地球）
　　ISBN 978-7-5702-3141-6

Ⅰ. ①大… Ⅱ. ①刘… Ⅲ. ①地质学—少儿读物
Ⅳ. ①P5-49

中国国家版本馆 CIP 数据核字 (2023) 第 091023 号

大地的宝藏：矿物、岩石和土壤：全二册
DADI DE BAOZANG：KUANGWU、YANSHI HE TURANG：QUAN ER CE

| 责任编辑：任诗盈 | 责任校对：毛季慧 |
| 设计制作：格林图书 | 责任印制：邱　莉　胡丽平 |

出版：长江出版传媒 | 长江文艺出版社
地址：武汉市雄楚大街 268 号　　　邮编：430070
发行：长江文艺出版社
http://www.cjlap.com
印刷：湖北新华印务有限公司

开本：720 毫米×1000 毫米　　1/16　印张：14.75
版次：2023 年 10 月第 1 版　　　　　2023 年 10 月第 1 次印刷
字数：165 千字

定价：56.00 元（全二册）

目录

　　夜明珠、雨花石，更有神秘祖母绿，神灵胸前玉石串，女王头顶水晶钻。熠熠发光五彩斑斓，看得人眼花缭乱。

　　翡翠碧绿宝石红，石英坚硬云母软；有的朴实无华，有的磷光闪闪。满满一个矿物箱，真是洋洋大观。金银铜铁锡，五金如五行。各自有特性，用途说不完。好似人中豪杰，一个个大显神通，流芳在世间，叫人深深赞叹。

第一章
女娲补天的神话

女娲是谁？

她是我国远古传说中的一个伟大的女神。

开天辟地的盘古死后，天地间空荡荡的。后来不知从哪儿钻出来另外一个女神，她就是伟大的女娲。

女娲独自生活在这个空荡荡的世界里，觉得非常寂寞，决定按照自己的样子，造一些小人儿。

她用泥土捏成一个个小人儿。有的多和了一些水，变成了性情柔和的女人；有的水分少些，则是性情刚强的男人。说也奇怪，这些小泥人儿一落地，就全都活蹦乱跳，迈开腿儿到处乱跑了。天地间一下子就有了生气，一点也不寂寞了。

小泥人儿做了一个又一个，如此这般她觉得太麻烦了，干脆就用藤条蘸着泥浆朝四面一洒，挥洒出去的泥水点儿，也变成了有生命的小人儿。女娲的功劳不仅仅是造人，之前还曾经补过天。

据说，古时候水神共工和火神祝融打仗。共工被打败了，气得一脑袋朝支撑天空的柱子撞去。一根柱子被撞倒了，天坍塌了一块，日月星辰全都东升西落，大地也朝东南方向歪斜了，使地面的江河统统流进东南边的深渊。这场祸事闯得不小，天地完全乱了套。女娲连忙炼了五色石子补天，又用芦苇烧的灰堵塞住洪水；再杀了一只大乌龟，砍下它的四只脚，当成柱子竖立在四方，把坍塌的天空像帐篷一样撑起来，这才重新整理好天地的秩序。

啊，她造了人，又补天，功劳真不小呀！

这样说，有根据吗？

《淮南子》这本书的两段记述交代得更加清楚。一段在《览冥训》里，记述说："往古之时，四极废，九州裂，天不兼覆，地不周载，火爁焱而不灭，水浩洋而不息。猛兽食颛民，鸷鸟攫老弱。"另一段在《天文训》里，描写说："昔者，共工与颛顼争为帝，怒而触不周之山，天柱折，地维绝。天倾西北，故日月星辰移焉；地不满东南，故水潦尘埃归焉。"

这样的记载当然也不精确，但是却透露了一些远古时期自然界的情况。

瞧吧，这个故事不仅包含了丰富的内容，还藏着一个又一个的谜。

故事中有水神共工和火神祝融打仗的情节。

为什么古时候的人们对这件事的印象这样深刻？为什么不是别的神仙打仗，而是水神和火神狠狠干了一架，弄得人们的生活很不安宁？推想起来，当时必定到处洪水成灾，加上熊熊烈火，好像水神和火神显灵，相互打了起来。

洪水容易理解，烈火是怎么一回事？很可能由于气候干旱，引起山火。要不，就很难解释了。

水，本来是克火的，水神怎么会打不过火神？应该从当时的

邵原镇女娲补天雕塑

气候特点寻找真实的答案。

第一，必定是干旱的时间特别长，引起的山火或草原野火特别大。当时虽然也有洪水，可能由于发洪水的时间很短暂，影响的范围不如火灾大。在人们的印象里，就是火神战胜水神了。

第二，这个故事里，反映了日月星辰东升西落的现象。虽然没有进行解释，但是原始人能注意到这个天体视运动的规律，还是很了不起的。

第三，当时的人们还发现了大地朝东南方向倾斜，河流由西向东流淌的现象。这岂不是中国地形的三大阶梯由西向东逐级降低，以及由此而引起的江河流水往东汇入大海的现象吗？

第四，女娲应该是当时的部落首领，可以推测这些事情应该发生在最早的母系氏族社会里。母系氏族社会最繁荣的时代，是六七千年前的河姆渡文明和仰韶文明。但是那时候的气候温暖平和，很少有洪水和山火成灾的情况。这种情况可能发生在距今18000多年，时间更早的山顶洞文明阶段。当时正好和晚更新世末次冰期相当，反映了那个时代的恶劣环境以及原始先民艰辛生活的情景。

女娲补天的故事，不仅反映了当时的气候状况，还表现出当时人们对中国地形和江河水文规律的认识，具有很可贵的价值。瞧呀，咱们的老祖宗把这些自然现象解释得多么有趣啊！

在这儿，还得注意女娲补天用的石头，那是什么东西？没准儿请许许多多有学问的地质学家来，也没法说清楚。可不管怎么说，却透露了一个很有意义的消息——早在那么遥远的时代，人们就学会把石头作为工具，也许这就是石器时代的反映吧！

五色石子呢？

至少反映了当时的人们已经能够分辨石头的颜色了。女娲掌握了用火烧炼石头的技术，是不是最早的冶炼技术呢？

去问女娲自己吧！

去问消逝的历史吧！

第二章
五光十色的矿物

人们老是说"岩矿"，把岩石和矿物混淆在一起。其实二者根本就不是一码事。

矿物是岩石的"细胞"，是组成岩石的基本成分。好比螺旋桨、机翼都是飞机的零件，而飞机是由许许多多零件组成的。论起辈分来，岩石要比矿物高一个等级呢。

矿物的"零件"呢？

那就是一些自然元素了。

世界上的矿物多种多样，有的成分很单纯，有的是多种元素的化合物，并不都是一样的。

自然金、自然铜、石墨、硫黄和金刚石，只是由一种元素组成的。

多种元素组成的矿物就多了，种类也非常复杂，一下子说也说不完。例如赤铁矿、磁铁矿、锡石、铝土矿是氧化物；褐铁矿是氢氧化物；岩盐、萤石是卤化物；方解石、白云石、孔雀石、菱铁矿是碳酸盐；黄铜矿、黄铁矿、方铅矿、闪锌矿、辉锑矿、雄黄、辰砂是硫化物；石膏、重晶石、芒硝是硫酸盐；磷灰石是磷酸盐；

滑石、云母、长石、石榴子石、绿泥石、绿帘石、角闪石、辉石、橄榄石、蛇纹石、石棉、高岭石、红柱石是硅酸盐，都是不同元素组成的化合物。

孔雀石

因为不同的矿物的化学成分和内部结晶构造不同，所以它们的形状和物理、化学性质也不一样。

岩盐颗粒是四四方方的立方体；透明的水晶是带尖顶的六方形柱子；云母可以一片一片剥开；石榴子石有四角八面体的，也有五角十二面体的；方解石不管怎么敲打，裂开的碎块都是同样的菱形六面体。

矿物的晶型很多，为了方便认识，地质学家按照晶体的三个相互垂直的轴向的发育程度，将其大致分为一向延长型、两向延长型、三向延长型三种。

什么是一向延长型？就是矿物在其中一个方向发育很迅速，其他方向发育比较缓慢。所以这样生成的晶体就是长条形、长柱形，甚至是针状、纤维状等，包括石英、角闪石、辉锑矿、石棉和部分石膏，都是这个样子的。

两向延长型的矿物，两个轴向同等发育，第三个方向发育比较慢，常常生成板状、片状晶体，例如长石、重晶石、方解石等。

三向延长型是三个轴向几乎同等发育，生成的晶体几乎都是等轴状的立方体、四面体、菱面体等。黄铁矿、萤石、石榴子石、金刚石等可以作为例子。

有的矿物是单晶，有的可以组合成一些集合体，有放射状、

石英

针状、纤维状、片状、簇状等。例如石英晶体可以组成奇异的晶簇。也有些矿物以未结晶的集合体形式出现，例如葡萄状、鲕状、钟乳状、结核状等。各种各样的形状，看得人眼花缭乱。它们的形状真奇妙呀！

矿物世界是五彩缤纷的，精彩得简直难以想象。

打开五光十色的矿物标本箱一看，谁都会感到非常惊奇。

哇，简直看花了眼睛！

土红色的赤铁矿、金黄色的黄铜矿、红褐色的褐铁矿、翠绿色的孔雀石，其表面好像都是用水彩涂绘的。除了这些，还有各种各样色彩的矿物。

拿起一颗金刚石对着太阳光一看，闪烁着一片耀眼的亮光；方铅矿、黄铜矿散发出金属表面一样的光泽；水晶和萤石，像玻璃一样反光；云母的亮光像珍珠；石棉的亮光像华丽的丝绸。各种各样的光泽，显示了它们非凡的风采。

各种矿物的破裂情况也不一样。当它们受到外力后，沿着晶体内部的一定方向，也就是结晶格架中，一些化学键连接的软弱处分裂的特性叫作解理。有的只有一组解理，有的有两组、三组，甚至四组解理。有的解理好，有的差。有的甚至根本就没有解理，破裂面很不规则，呈贝壳状、参差状等断开。这种情况统统叫作断口。

不同矿物的硬度、比重、透明度、磁性、放射性等各种各样的性质也都不一样，矿物世界形形色色的变化可多了。

第三章
比一比，谁硬谁软

来！来！来！请到比武台上来比试比试。谁英雄、谁好汉，比一比，就知道。

来！来！来！请来比试比试。谁硬、谁软，比一比，一下子就清楚了。

这是谁和谁比软硬啊？比试完毕，也颁发奖杯、奖状，分出冠军、亚军和季军吗？

刚玉

不是的，这儿说的不是少林寺、武当山的比武擂台，不是三山五岳武林高手的功夫大会，压根儿就没有什么奖杯、奖状的玩意儿。

这里说的是测试矿物的硬度呀！

什么是硬度？就是矿物表面抵抗外来机械作用，主要是抵抗刻画作用的能力。

一块矿物硬不硬，不能只凭嘴巴说。到底有多硬，得要有一个划分的标准才成。

1822 年，奥地利矿物学家摩斯选择一些常见的典型矿物，根据它们的硬度差别，制定了一个摩式硬度计（见表1），用来测定各种各样矿物的硬度。

表 1 典型矿物的硬度

硬度级别	矿物名称	硬度级别	矿物名称
1	滑石	6	正长石
2	石膏	7	石英
3	方解石	8	黄玉
4	萤石	9	刚玉
5	磷灰石	10	金刚石

自然界里形形色色的矿物，一个个软硬都不一样。有了这个硬度计，就能比较出各自的硬度了。例如一个需要测定的矿物，可以刻画正长石，却不能刻画石英，硬度就是二者之间的 6.5，再方便没有了。

这个方法虽然很好，可是谁会随身带着这些典型矿物到处走呢？就是地质队员，也不会傻乎乎携带这么多的矿物到野外呀！

怎么办？

有办法！在日常生活中，用一些常见的东西也能代替这些作为测试标准的矿物。

指甲就可以作为一个标准。指甲能够刻画石膏，却不能刻画方解石。它的硬度就在石膏和方解石之间，相当于 2.5；小刀可以刻画磷灰石，却不能刻画正长石，它的硬度就在磷灰石和正长石之间，相当于 5.5；玻璃片可以刻画正长石，却不能刻画石英，它的硬度就在正长石和石英之间，相当于 6.5。掌握了这种测试方法，就可以测出各种各样矿物的硬度了。

话说到这里，需要补充一句。作为测试的标本，必须是一块矿物的新鲜面。如果矿物长期暴露在外面，经过风化以后，硬度就会大大降低，不能作为测试标准了。

滑石

还要提醒大家的是，这只不过是级别的划分，不能当成硬度的倍数计算。

此外，还应该分清打击硬度和研磨硬度，也就是韧性和脆性的差别。以金刚石来说，摩氏硬度达到了 10，打击硬度却很低，狠狠一击，立刻就会裂开。软玉的摩氏硬度只有 5.5~6，可是它的打击硬度却很高，能够经受大锤猛击，最多只在表面上留下浅浅的凹痕而已。

呵呵，这岂不是像一些人，平时瞧着挺硬气的，一旦受了外界"风化"，遭遇一点挫折，就立刻垮掉了。而有的人平时瞧着似乎不怎么样，关键时刻却能经受强烈打击的考验。这就是韧性和脆性的差别吧！

◎小卡片

测定物体的硬度

请你用相互比较的办法，测试出不同矿物，以及日常生活中各种各样物体的硬度，一个个记录下来。

第四章
会分身魔术的透明矿石

冰洲石

变！变！变！

一变二，二变四……

你在纸上写一个字，一下子就变成两个。

变！变！变！

二变四，四变八……

你画一只小猫，一下子就有了两个影子，好像一只小猫后面，还藏着另一只顽皮的小猫呢。

咦，这是怎么一回事？

这不是春节联欢晚会魔术师的表演，而是一块透明矿石的特殊本领。只要把它放在一张纸上，加上光线的照射，奇迹立刻就出现了。只见纸上的一个字或一幅画，统统变成两个影子，好像它们会分身术似的。

哦，这是什么矿石，怎会有这样神奇的本领？简直就像一个魔术师在表演。

请记住这个魔术师的名字吧！你听说过它的名字吗？这就是有名的冰洲石。

噢，冰洲石，是一块冰变成的石头吧？

哦，冰洲石，莫非和遥远的冰岛有关系？

第一种说法是错误的，后面这个说法倒是有点靠谱。因为它最早是在北大西洋区域的冰岛被发现的，所以就叫这个名字。

再说了，因为它周身洁净透亮，很像一块冰呀！冰洲石这个名字一语双关，真是再恰当不过了。

冰洲石到底是什么东西？

地质学家说，冰洲石和常见的方解石是一家。说白了，它就是一种透明的方解石。

它和常见的方解石一样，外形都是十分整齐规则的平行菱面体。不同的只是方解石不透明，它却是透明的。隔着它，可以清清楚楚看见后面的东西一个个都变成了奇异的双影。

啊呀呀！这真了不得，真的像是神灵附体了。迷信的人们见着它，没准儿会烧香叩拜呢。

哈哈哈！哪有什么神呀鬼的，这只不过是一块普普通通的矿石而已。

冰洲石没有魔法，也没有灵性，原来这是光线玩弄的把戏。

地质学家告诉大家，冰洲石有双折射的特性。光线射入后，会分解成两股光波，所以就形成两个互相重叠的图像了。

由于它有这种特性，加上透明度很高，所以可当作制造光学仪器的原料，主要用于国防工业和制造高精度光学仪器。用它制造棱镜、偏光仪、偏光显微镜、枪炮瞄准器、大屏幕显示设备等，有非常广泛的用途。不消说，它的价格也非常昂贵，黄金白银也

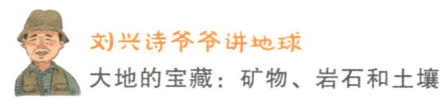
比不上呢！

话说到这里，需要补充一句。因为它和方解石一样，摩氏硬度只有 3，很容易摩擦损坏，所以必须好好保护才成。

人们不禁会问，它既然和方解石是一家子，为什么不干脆叫它透明方解石，而要取这样一个使人迷惑的名字呢？

这个名字很好嘛！许许多多的人都有两个名字。孙悟空又叫孙大圣，李逵又叫黑旋风，为什么透明的方解石不能叫作冰洲石？

我国也有许多冰洲石的产地，贵州省黔西南布依族苗族自治州的望谟县，就蕴藏着丰富的冰洲石矿床。那里不仅储量大，还有许多巨型单晶，重量可以达到 10 吨以上。想一想，多么了不起呀！

小卡片

方解石

方解石是一种常见的造岩矿物，主要成分是碳酸钙。

在方解石的表面轻轻滴一点稀盐酸，就能激烈起泡。它的外表是白色，用它画出的条痕也是白色。它的外形是平行菱面体，在光线照射下能反射出玻璃光泽。如果其中含有杂质，颜色也会变化。如果方解石中含有铁和锰，就会变成浅黄、浅红、褐黑等颜色。方解石的纯度用肉眼就能看出来。

由于它的主要成分是碳酸钙，常常用来做水泥、石灰等工业原料，在冶金工业中也可用来做一种特殊的熔剂。

它实在太普遍了，是地球主要造岩矿石的一种，种类有上百种呢。

方解石

第五章
神秘兮兮的夜明珠

噢，夜明珠，多么神秘呀！古时候有许许多多关于夜明珠的传说，没有一个不让人心里痒痒的。

夜明珠是什么玩意儿？

按古人的说法，这是在黑暗中能够发光的一种宝物。

夜明珠有多亮？

传说，一颗夜明珠就能把海底龙宫照耀得通亮。

啊！这哪是什么珠子，简直比日光灯还亮，和探照灯一个样呀！如果真有这么一颗强光夜明珠，海底探险就方便了。

海底龙宫的事情太玄乎了，谁也不会相信。说一个有鼻子有眼的故事吧。

据说慈禧太后死后，嘴里就含着一颗夜明珠。此珠分开是两块，合拢就是一个圆溜溜的珠子，发出一团绿莹莹的寒光。晚上在百步之内，可以照见人的头发丝儿。不消说，这是一个价值连城的宝物。后来这颗夜明珠被军阀孙殿英盗墓偷走了，转献给特务头子，又落到地位更高的人物手中，不知道最后的下落。

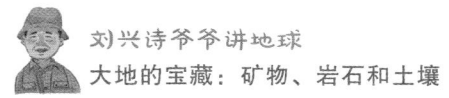
这个故事里，有近代的人物，也有孙殿英盗墓的真实事件。听起来似乎真有这么一回事呢。

传说，印度的热带丛林里，有一种神秘的蛇宝石，在阴森森的林中散发出绿幽幽的微弱亮光。它的旁边总有一条眼镜蛇守护着，谁也不敢接近，所以就叫这个名字。

眼镜蛇真的喜欢宝石吗？难道它真是宝石忠心耿耿的卫兵？

当然不是的。

这是骗人的吗？

科学家说，不，这个传说是有根据的。因为宝石会发出一点儿光芒，招引来许多好奇的小虫子，围绕在它周围飞来飞去。昆虫又吸引来捕虫的青蛙。而眼镜蛇守候在旁边，正是捕食傻乎乎的青蛙的好机会，所以就传出这样的故事了。

再从历史书里寻找吧。《后汉书·西域传》里，有一段关于大秦国的记载说："土多金银奇宝，有夜光璧、明月珠……"这里所说的明月珠，也就是能够发光的夜明珠。这是正儿八经的历史，绝对不会错。

这些古书中记载的夜明珠，散发着微弱的亮光，就接近真实情况了。

夜明珠的历史非常悠久。据说人们在史前时期就发现了这种晚上发光的神奇石头了。古时候又叫它"随珠""悬珠""垂棘""明月珠"。史书中说秦始皇的陵墓中也有夜明珠"以代膏烛"，即作为幽暗墓室的照明工具。汉光武帝郭皇后的弟弟，有一颗夜明珠，"悬明珠与四垂，昼视之如星，夜望之如月"。唐玄宗时代，有一颗夜明珠可以"光照一室"，和今天的电灯一样。

中国古代的夜明珠有不少来自西亚和南亚。人们特别喜欢的

绿色萤石

叙利亚孔雀暖玉，其实就是萤石。据明代典籍《博物要览》记载，元代曾经专门派人到波斯（今天的伊朗）买回宝石夜明珠，就是硅酸盐类的红色石榴子石。而到锡兰国（今天的斯里兰卡）买回的夜明珠"照殿红"，就是铝酸盐类的红色尖晶石。

夜明珠真的可以代替灯烛，照亮整座宫殿，或者森林的一角吗？

哦，这有些夸大了，当然没有那么亮。有的萤石在无光的夜晚所发出的亮光，不过在两三米的距离能够被看见而已，并没有照亮整个房间甚至水下龙宫的功能。传说毕竟是传说，不能说得太神奇了。古人有用萤火虫照明刻苦读书的故事，跟夜明珠相比，萤火虫就平凡得多了！

夜明珠到底是什么东西？

地质学家说，这一点也不稀奇。在自然界里，确实有一些发

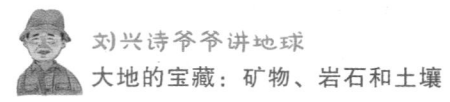
光的矿物。

并不是它们本身发光，而是在受了外界的刺激后，例如摩擦、通电、加热或者紫外线、X射线、阳光照射的时候，会产生发光现象。说白了，就是矿物发光性的体现。萤石就是最好的例子。

萤石的主要成分是氟化钙，所以它还有一个学名叫氟石。根据它的特性，人们又叫它软水晶、彩虹宝石、梦幻石等。听着这些名字，就让人觉得充满了幻想，十分喜欢它。

萤石含有硫化砷，日间受到太阳曝晒后，晚上就能发出绿莹莹的微光。经过多次实验证明，除了太阳的紫外线，如果用X光照射或者将萤石加热，它也能发出蓝绿色的荧光，所以由此得名。可见，所谓的夜明珠不是自身发光，而是经过光热刺激后才产生一些亮光的。

1995年，广州中山大学、中国地质大学、北京大学的学者联合对一颗萤石夜明珠的发光特性进行实测。用紫外线激发其发光，在距它10厘米处可以看清印刷品上的字迹。

萤石不过是一种石头嘛，怎么会有这种特异功能？科学家对它的发光原理也有不同的解释。有人说，这是因为萤石中混入了硫化砷的成分或者一种碳氢化合物，在光的刺激下发生激化，晚上则释放出能量，就产生神奇的夜光了。这种光亮可以保持很长时间，显示出特殊的功能。

除了萤石，某些含有杂质的金刚石、水晶、磷灰石、重晶石、白钨矿、锆石也能发出绿、蓝、紫、黄、红色的微弱亮光。

最后顺便说一下，萤石有吸收太阳光后自行发光的特点。这是一种非常普通的矿物，也算不上珍贵的宝石。

喂，朋友，找一块萤石来玩玩吧，一定非常有趣呢。

萤 石

　　萤石的主要成分是氟化钙。呈玻璃光泽，很脆，容易破碎。由于含有的杂质不同，会呈现灰、黄、绿、紫等许多颜色，也有无色透明的。在紫外线或阴极射线的照射下，可以发出蓝绿色荧光。可以从中提取氟，是冶炼金属最好的助熔剂。纯度很高的氟石可以用来制作特种透镜。萤石在冶金、化工、建材、轻工、光学、雕刻等行业中有很大的用途。

第六章
没有铅的铅笔

我们常用的铅笔，是用什么原料做的？

孩子们异口同声地说："铅笔的原料当然就是铅啰！要不，怎么叫铅笔这个名字。"

铅笔的原料真的就是铅吗？

老师说："铅笔的原料是石墨，不是铅。"

石墨是什么东西？是像石头一样的墨吗？

这话有些对，也有些不对。

石墨的确和石头有一些关系。因为它也是一种矿石，当然和石头有关系了。它能像墨一样用于写字，所以叫石墨。这个名字可是名副其实了。

孩子们对铅笔再熟悉不过了。笔芯黑黑的、很软，用小刀可以将其削得很尖。

为什么它是黑的？因为它本来就是碳嘛。石墨是一种结晶形碳，黑黑的，可以用来写字。铅笔就有这个特性。

为什么它很软？因为它的摩氏硬度只有1到2，小刀的硬度是

5.5，比它硬得多，当然可以把它削尖。

石墨

请你记住啦：黑的；很软；另外用手摸，有一种特殊的油腻感。这就是石墨的一些重要特点。

石墨有什么用处？

孩子们知道铅笔的来历了，异口同声地回答说："可以用来写字呀！"

是的，因为它有这个特点，所以在古希腊人的嘴里，它的名字干脆就叫"用来写"，一听就明白。

石墨是怎么变成铅笔的？

这话说来就长了。有人说，16世纪中叶，英格兰一些牧羊人为了分清自家和别人家的羊群，就用一种黑色的矿物在羊身上画记号。因为拿着不方便，也容易弄脏手，后来就把石墨矿石研磨成粉末，去掉杂质制造成纯净的石墨粉，加热凝固以后，压制成笔芯。然后再用两根木条把它嵌在中间，一支最早的铅笔就这样做出来了。

石墨是一种常见的矿物，除了用来制造铅笔，还有许许多多用处。

它能够耐高温，用来做耐火材料最好，冶金工业的石墨坩埚就是一个例子。它可以导电、导热，电气工业的许多地方都少不了它，它还是原子反应堆的重要材料。它的润滑性很好，可以成

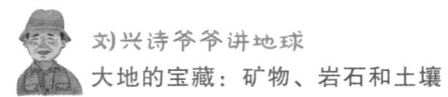
为各种各样的润滑油、润滑剂。它的化学稳定性很好，能够耐酸、碱以及有机溶剂的腐蚀。它的可塑性好，韧性很强，可以碾成很薄的薄片，用在不同的领域，用途非常广泛。

石墨是这个样，铅呢？

铅和石墨不同。一个是金属元素，一个是非金属元素，二者根本就不是一家人。铅虽然不能做铅笔，却在电池、焊锡、炮弹的生产制造，以及机械、电力工业等方面有非常广阔的用途。值得一提的是它的合金可以铸造铅字、排印书刊，多年以来对传播文化有很大的功劳。

第七章
昆虫的玻璃棺材

嘘，小声些，别惊动了沉睡的小精灵。

这是什么精灵？是童话故事里的小妖精，还是孩子们都很熟悉的蓝精灵？

不，都不是的。这是一些小昆虫。

咦，这是怎么一回事？什么小虫子在这儿睡觉，不让人们打扰？

噢，在这儿睡觉的昆虫可多了。有小小的蜜蜂、蚊子、苍蝇、蚂蚁，还有不同颜色的各种各样的小甲虫。一个个躺在近乎透明的罩子里一动不动，好像真的睡着了。它们纤细的脚爪和触须、薄薄的翅膀，全都完整无损。似乎睡一会儿它们就会醒来，轻轻迈开脚爪，拍着翅膀，爬进草丛里、森林中，飞上高空。

再仔细瞧瞧。这儿除了这些小虫子，还有许多细密的花粉，以及树叶和草叶的碎片。它们不声不响藏在里面，仿佛在一个魔咒之下全都睡着了。好像是在童话中的睡梦王国，一旦时机成熟，稍微惊动一下，它们就会全部从梦中醒来，重返生机盎然的世界。

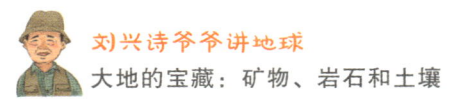

是呀！这真的像是梦的天地。一切都那么奇妙、那么神秘。静悄悄的，没有一点儿动静。似乎所有的小精灵都在等待着一声神秘的命令，才会纷纷恢复失去的生命和神采。

仔细看包裹着它们躯体的物体，也很神秘呢。

这不是一般隔绝光线的棺材，而是一种透明的物质。

这是专门给逝去的尊贵人物卧躺的水晶棺吗？

不是的。如果轻轻摸一下，它不像水晶棺那样硬邦邦，而是一种软软的东西。

它也不是一般无色透明的罩子，带着一些浓淡不一的色彩。有的黄澄澄，有的微微泛出一些儿红黄色。不消说，这都是接近透明的，只不过透光的程度有些不一样而已。古往今来躺在水晶棺里的大人物，没有一个能得到这样神奇的待遇。

是啊！是啊！天然的棺材当然比人工打造的好得多，也神秘得多。后面的介绍还会告诉你，原来这还是有机的呢。

我要在这儿说的是，这算得上是一种特殊的"棺材"，但不

琥珀与昆虫化石

能说是真正的棺材。

它包裹住一个个失去生命的小昆虫，当然是保存亡者躯体的棺材啰。可这不是人间常见的棺木。如果说它是博物馆里保存珍贵标本的玻璃罩，则更加接近真实的含义。

噢，越说越玄了。那么，这到底是什么东西？

这就是琥珀呀！

美丽的琥珀，多么好看啊！

你看它，黄澄澄、亮晶晶的，在太阳光下闪烁着奇异的光芒，实在是太让人喜爱了。

琥珀是什么？

琥珀就是松树的泪珠。

远古时期，一滴滴松脂滴下来，吞没了不小心经过这里的昆虫，它们一起落进地面的沙层，被埋藏和遗忘了。漫长的时间过去了，这些松脂连同里面的昆虫，统统成了特殊的化石。原先软软的松脂，渐渐硬化变成了光亮的琥珀。

唐代诗人韦应物在《咏琥珀》诗中描写说：

> 曾为老茯神，
> 本是寒松液。
> 蚊蚋落其中，
> 千年犹可觌。

原来琥珀是不小心被裹入松脂的小昆虫，和松脂一起变化成的。说它是昆虫的玻璃棺材，的确有点道理。

明代大医药家李时珍在《本草纲目》中，解释了它的成因，

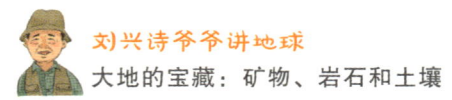
说它是"树之津液也，在木不朽，流脂日久变为琥珀"。

哦，原来琥珀不是石头，而是一种有机质的"宝石"。如果把它加热，还会发生变化。琥珀在150℃时开始变软，到250℃～300℃就完全熔化了。当它燃烧的时候，会发出一股松香气味。用力摩擦它，还能散发出淡淡的清香。所有这一切都宣告了它原本是松脂的来历。

这真的是从松树上流下的松脂。细细看一看，有的琥珀表面还保留着当初树脂流动时生成的纹路，有的里面还有一个个小小的气泡呢。

因为这是年代久远的松脂，也就是俗话所说的松香，所以有的还带着淡淡的香气呢。

嘘，轻一点，这儿封存着一个个千万年前的梦。

这是怎么一回事，难道一个梦能够延续千万年吗？就算真的是南柯一梦，也不过百十年，哪有上千万年的梦。琥珀中封存的昆虫，竟有千万年的历史，形成于人类出现以前呢。

这是真的！

我们说完了琥珀生成的原因，再说它生成的时间吧。

原来这些松脂生成的琥珀，都是6500万年前中生代末期的白垩纪，以及再近些的新生代老第三纪、新第三纪时形成的。传说中的南柯梦发生的历史时期，能够和它相比吗？

琥珀大多埋藏在砂砾岩和煤层中，透露了当时它们生存的环境。著名的抚顺煤矿的煤层中，就含有许多琥珀，这表明当时这儿是一片无边无际的大森林，树脂滴下来，俘虏了一个个不幸的小昆虫。波罗的海地区、缅甸和美洲的多米尼加，也是著名的琥珀产区。

琥 珀

琥珀英文叫 amber，据说源自阿拉伯文，就是"胶"的意思。中国古代认为它是"虎魄"，意思就是"虎之魂"。琥珀、琥珀，就是"虎魄"。

琥珀的质地很轻，呈现出树脂光泽。它的性质很脆，硬度很低，摩氏硬度只有 2～2.5。没有解理，敲开呈贝壳状断口。周身亮晶晶的，有宝石一样的光泽，散发出芳香的松香气味。在紫外线下可以发出蓝色、浅黄、浅绿色的荧光。

琥珀非常美丽，是可以当作宝石一样的收藏品，不过收藏它得要好好注意。因为琥珀是有机物，非常娇气。怕火、怕汽油、怕敲击、怕暴晒，可以溶于酒精。将它加热到 150℃就会软化，250℃～300℃就熔化了，得要小心保存才成。

琥珀

第八章
美丽的雨花石

一个外地人到南京，兴致勃勃地打听："请问，这儿有什么土特产？"

当地人热情回答说："咱们这儿的土特产可多了。著名的有南京板鸭、桂花盐水鸭，还有形形色色的秦淮小吃，都是驰名中外的土特产。尝一尝，永远也不会忘记。"

外地人摆手说："不，我说的是'土'里的'特产'，不是这些美味佳肴。"

当地人明白了，不无骄傲地告诉他："要说咱们这儿土里的特产，就是天下闻名的雨花石呀。"

是啊！雨花石出产在南京中华门外风光优美的雨花台，和别的鹅卵石混杂在一起，藏在厚厚的砾石层中，当然是土里的特产啰。

为什么外地人急着到处打听这种特殊的"土特产"呢？为什么当地人提起这种土里的特产就如数家珍呢？人们不是说了嘛，这是普天下闻名的东西呀！

为什么雨花石这样有名气？因为这种小石子实在太美丽了。

雨花石

　　雨花石色彩变化万千，鲜艳绚丽，晶莹透亮，非常可爱。石头表面一圈圈纹理非常细致，幻化出了种种奇妙的图案，使人琢磨不透这是天然产物，还是幻想的结晶。人人见了都喜爱，具有很高的观赏价值，自古以来就是有名的观赏石，成为南京一种著名的"土产"。游客来到这儿，没有谁不想拾几颗带回去的。即使一下子找不着，也要在路边小店买几颗，作为"到此一游"的最好纪念。

　　雨花石出产在南京中华门外的雨花台。它藏在泥土和砾石层中，有些神秘兮兮的，要想找到它可不容易。

　　关于雨花石的来历，有一个神奇的传说。

　　据说在南北朝的梁朝，有一个外地来的僧人云光法师在这里

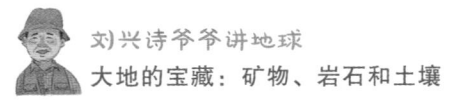

讲经。他精通佛法，讲得非常精彩。不仅招引来许多和尚和一心信佛的俗家居士，连天上的神仙也被吸引住了，纷纷腾云驾雾前来听课。

神仙们听得高兴了，就从天上抛下许多鲜花，献给讲课的云光法师。这些四处飞散的鲜花落在山冈上，一下子就变成了许多美丽的五彩石头。

北宋徽宗大观年间，吏部侍郎卢襄根据这个引人入胜的传说，把云光法师讲经处命名为"雨花台"。这种神奇的花石头，因为是"天花乱坠"的结果，也就顺理成章被改名为雨花石了。其实它在当时还有一些别的名字，比如绮石、五色石、六合石、灵岩石、江石子、螺子石等。有一个叫杜绾的人，在《云林石谱》中，就把它称为"玛瑙石""螺子石"，这里因此也被叫作玛瑙岗。在《大明一统志》中关于南京的这一节，又把它叫作雨花台石。书中写道："雨花台石，聚宝山出。"由此可见，雨花台还曾经被称为聚宝山。什么"宝"聚在这儿？那就是大名鼎鼎的雨花石呀！

六朝古都南京本来就非常有名，是当时的一个文化中心。神奇的雨花石自然引起了无数文人的注意与追捧，因此也就被写入许多文学作品中了。明末清初时著名作品《桃花扇》的作者孔尚任，就在一首《六合石子》中写道：

> 千岁江，万年风，
> 滴就乾坤难老松。
> 石玲珑，夺巧工。
> 帷幔重重，觅个相思梦。

诗词中所说巧夺天工的"石玲珑"，就是美丽的雨花石了。

《红楼梦》的作者曹雪芹生活在南京，对这儿非常熟悉。他在书中所描述的"通灵宝玉"的原型，很可能就是雨花石。

你看，书中描写的一段话："宝钗托于掌上，只见大如雀卵，灿若明霞，莹润如酥，五色花纹缠护。"

仔细分析一下，曹雪芹描写的大小、形状、色彩、花纹，这块"通灵宝玉"岂不就是一个活脱脱的雨花石？

外地人到南京寻找雨花石，往往直奔雨花台。由于盛产雨花石，这儿越来越有名气了。大家都死盯住这个巴掌大的地方，削尖脑袋在泥土里翻找，往往都大失所望。

唉，晶莹夺目的雨花石，哪有这么多？经过上千年挖掘，早就被翻找得差不多了，很难在这儿再找到几块质量好的成品。真是乘兴而来，败兴而归。

明代散文家张岱在《雨花石铭》一文中就说过："大父收藏雨花石，自余祖、余叔及余，积三代而得十三枚……"

瞧瞧，他们一家三代在这里寻找，经过了好几十年，才得到十三块像样的。如今的后来人，想一下子就找到许多质量好的雨花石，这有可能吗？

其实，雨花石并不是这儿独一无二的特产。说起来，周围许多地方都有它的踪迹。南京本地人知道，在附近的六合、仪征、江宁、江浦等地，雨花石储量也很丰富。古人不是说过六合石吗？六合已经代替雨花台，成为新的雨花石产地。市场上出售的雨花石，很多都是从这儿来的。

让我们把问题再转到雨花石的真实来历吧。

当然啰，这肯定不是云中的神仙散花，也不是《红楼梦》中的"通

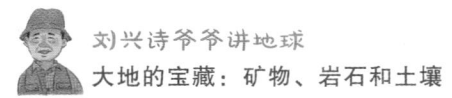

灵宝玉"。地质学家一致认为，这是第四纪早更新世期间古老河流阶地堆积层上的砾石，该区域名叫雨花台砾石层。这儿包括雨花石在内的各种各样的卵石，都是河流冲刷带来的。

既然是河流堆积物，就得判定这条河是从哪里流过来并把这些砾石留在这里的。

苏东坡在《东坡志林》记述说："岸多细石，往往有温莹如玉者，深浅红黄之色，或细纹如人手指螺纹也。既数游，得二百七十枚，大者如枣栗，小者如芡实，又得一古铜盆盛之，注水粲然。有一枚如虎豹首，有口鼻眼处，以为群石之长。"

瞧，这是什么东西？岂不就是活灵活现的雨花石吗？我在黄冈赤壁考察过，那里就有和雨花台同层位的早更新世高阶地。苏东坡在这里发现雨花石，一点也不稀奇。

往上游追溯，我在宜昌和宜都之间，紧靠着江边的一个地方的高阶地，发现了密集分布的细小玛瑙。可是却都是棱角分明的碎块，不是浑圆的卵石，与雨花台的雨花石外观完全不一样，毫无收藏价值。

这是怎么一回事？可能这里靠近附近西陵峡内的黄陵背斜，有古老的变质岩出露，不排除这就是南京雨花石的来源。但这也可能是一个巧合，并不是雨花石的真正来源。

顺着长江再往上游追索，在金沙江出口的四川宜宾一带，发现了同样的玛瑙砾石。它的上源川西高原，就是"世界屋脊"青藏高原的东部边缘。我初步认为这才是雨花石的真正来源地。

为什么沿江许多地方，一直到金沙江也能找到雨花石？这表明它的真正来源地是长江上游的青藏高原东部，那里的地质情况应该非常复杂，分布着大面积的古老变质岩。那里才是"雨花石链"

的"起点站"，南京雨花台只不过是接近"终点站"的一个地方而已。

朋友们，让我们从南京开步走，顺着长江去寻找更多、更美的雨花石吧。

玛 瑙

玛瑙是玉髓类矿物的一种，化学式是 SiO_2。它呈蜡样光泽，半透明至透明。贝壳状断口。摩氏硬度为7。有红、白、黄、蓝、黑、紫、绿、灰、褐等多种颜色。花纹美丽，常常作为装饰品和观赏石。

有条带状纹理的玛瑙

你知道吗？

六 合

与南京中心城区隔着长江相望的六合，也是雨花石的产地，其品质一点也不比雨花台差。这里有一座方山，这是一座罕见的平顶山，还是一座死火山呢。

第九章

克拉的来历

钻石的重量用克拉来计算。克拉是怎么来的，没准儿很多人都不知道。

传说在南欧巴尔干半岛的地中海边，有一天一个渔夫打鱼回来，走过又平又浅的海滩，一阵阵潮水哗啦哗啦冲上来又退下去，带来许多贝壳和小砾石。这样平常的景象，他已经看过千遍万遍，丝毫也不在意。

他踩着海水浸泡的沙滩，漫不经心往前走，忽然眼前闪烁过一点小小的亮光，引起他的注意。低头一看，原来是一颗晶莹透亮的小石子，不知道是从哪儿冲来的。他好奇地拾起来，放进口袋带回家。

回到家里，孩子们瞧见也觉得很稀奇。旁边的人七嘴八舌，各有各的说法。有人猜："莫非是一颗宝石？"

渔夫心里想：是啊，我在海边见过数不清的石子，但没有见过这样漂亮的，它到底是什么东西呢？如果真是宝石，可就发财啦！

过了几天，他把石子带进城交给一个有经验的宝石商验看。那位宝石商戴上眼镜仔细观瞧，不禁脱口而出道："哎呀！你拾到的是一颗钻石呀！"

渔夫还不太明白钻石和宝石有什么差别。瞧宝石商这样激动，他这才知道无意中拾到的这颗小石子，比一般的宝石金贵得多。是呀，海里许多种类的鱼，同样都是鱼儿，拿到市场上卖的价格却不一样。钻石与亮晶晶的宝石等级不同，必定也是一样的道理。

宝石商鉴定完了，就和渔夫商量，能不能卖给自己。不消说，他出的价格远远比渔夫想象中的高得多，渔夫十分痛快地答应了。

交易谈妥后，宝石商要称一下这颗钻石的重量。渔夫站在旁边，兴致盎然地看他怎么称这颗小小的钻石。

成熟角豆

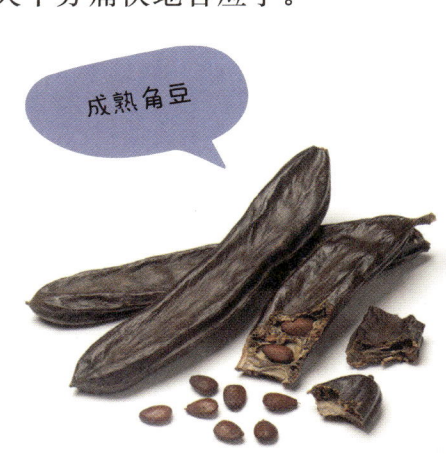

宝石商搬出天平，拿出一些角豆树的种子作为砝码。把钻石放在一边的盘子里，角豆树的种子放进另一边盘子，一粒一粒添加。当他放到 85 粒的时候，天平两边平衡了。

宝石商看清楚了，就告诉渔夫："这颗钻石有 85 克拉。"

渔夫不明白什么叫克拉。

宝石商告诉他："克拉是希腊文，就是豆粒的意思。1 克拉，就是一颗豆粒。"

渔夫还不明白，为什么用角豆树的种子作为砝码，而不用通常的砝码呢？

宝石商解释说："钻石太小了，必须称得准确，用通常的金属砝码怎么行？"

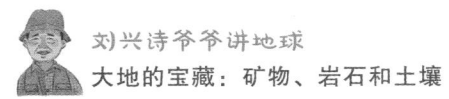

　　渔夫还有些不明白，世界上的树木种子有很多，为什么不用别的种子，只用角豆树的种子？

　　宝石商说："角豆树又叫洋槐树，它的种子比别的种子均匀，每一颗几乎大小相同、重量一样，用来做称钻石的砝码最好了。"

　　噢，渔夫终于明白了。宝石商说这颗钻石有85克拉重，就是有85粒角豆树种子那么重的意思。

　　这个故事讲完了，渔夫明白了。你也明白了吗？

　　说到这里，人们不免会有一些疑问。角豆树种子真的统统是一样大小、一样重吗？那才不见得呢。

　　人们称重量有不同的等级，称宝石也一样吗？

　　说得对，古时候用角豆树的种子做称重量的砝码，的确有些问题。可是"克拉"这个名词已经在宝石行业里用惯了，要改也很麻烦。到了1907年，世界珠宝行业终于取得了统一的标准，人们干脆规定，1克拉＝200毫克＝0.2克。有了这样的科学标准，钻石重量的计算就准确得多了。

　　后来人们继续划分，又分出了潘特作为计算钻石重量次一级的等级。潘特又叫分，1克拉＝100潘特＝0.2克。

　　这个故事讲完了，再讲一个和宝石性质有关的小故事。

　　据说，犹太人在荒漠上建造圣殿的时候，上帝命令他们制作一套法衣，在四四方方的胸牌上镶嵌12块宝石，排列成四行。第一行是红宝石、红碧玺、红玉，第二行是绿宝石、蓝宝石、金刚石，第三行是紫玛瑙、白玛瑙、紫晶，第四行是水苍玉、红玛瑙、碧玉。这些宝石都要刻上以色列12个部落的名字。这件事在《圣经·出埃及记》里讲得清清楚楚，人们不得不严格遵守。

　　早期的基督教僧侣们全都遵守这个规定，在法衣上缀上12块不同的宝石。这些宝石往后逐渐演变为民间流行的诞生石，也有一定的排列顺序。

关于诞生石，还有一个传说。据说这是东方民族发明的，与伊斯兰教规定的 12 个部族、12 个天使、12 个先知有关。后来在十字军东征的时候，将这种说法带回了欧洲，在欧洲流传盛行后又传回东方，整个世界都流行开来。

话虽然这样说，从前在不同的民族，诞生石的规定也不一样。后来经过了很长时间，才慢慢统一。

现在人们共同认可的诞生石，按照 12 个月的顺序排列如下：

表 2　12 块诞生石及其意义

月　份	代表石	代表意义
一月	石榴石	忠实
二月	紫水晶	诚实
三月	蓝玉	爱情
四月	钻石	清净
五月	绿玉	幸福
六月	珍珠	健康
七月	红玉	热情
八月	赤缟	和合
九月	青玉	贤明
十月	蛋白石	忍耐
十一月	黄玉	友情
十二月	青绿色石	成功

有的国家还规定了每个季度、每周，甚至每个小时的诞生石。例如春、夏、秋、冬，依次是祖母绿、红宝石、蓝宝石、钻石。

每周顺序是：黄玉、珍珠、红宝石、紫水晶、蓝宝石、祖母绿、绿松石。

12 星座诞生石是：

表 3　12 星座对应的诞生石

星　座	对应石种
白羊座	钻石
金牛座	蓝宝石
双子座	玛瑙
巨蟹座	珍珠
狮子座	红宝石
处女座	红条纹玛瑙
天秤座	蓝宝石
天蝎座	猫眼石
射手座	黄宝石
摩羯座	土耳其玉
水瓶座	紫水晶
双鱼座	月长石、血石

金刚石和钻石

　　金刚石是一种天然矿物，是钻石的原石，是在地球深处高温、高压条件下形成的一种由碳元素组成的单质晶体。

　　经过琢磨的金刚石就是钻石，号称"宝石之王"。因为钻石晶莹剔透、璀璨夺目和坚硬无比，所以称得上世界上最珍贵的宝石。古希腊称之为"Adamas"，意思是不可征服、不可毁灭，具有永恒的意义。

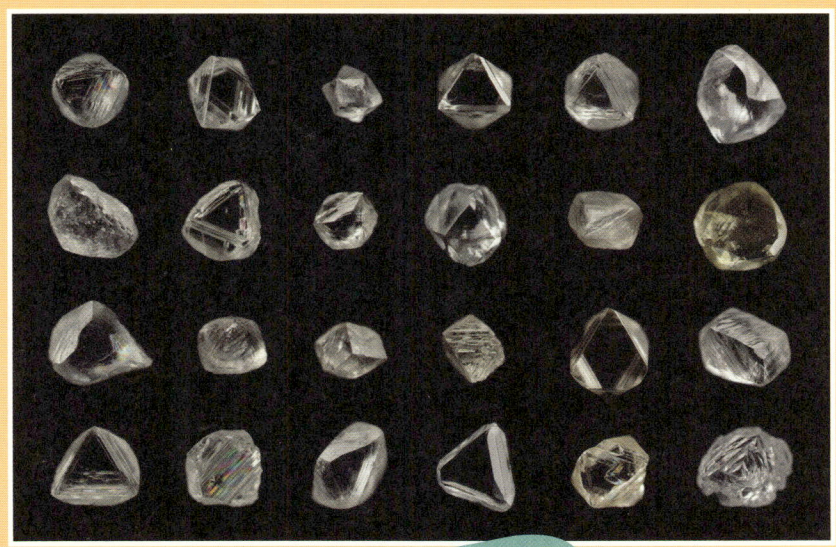

钻石

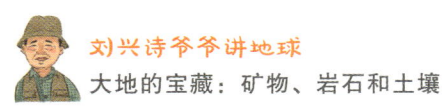

钻石的"4C"标准

评价钻石质量标准有四个，包括重量（克拉数 Carat）、色泽（Colour）、洁净度（Clarity）、切割水平（Cut）等。因为这四个单词的第一个字母都是 C，所以叫作"4C"标准。

钻石的分类

根据颜色，钻石可以分为无色透明的净水钻以及红钻、金钻、绿钻、蓝钻、紫钻、黑钻等七种。其中色彩艳丽的统称为"艳钻"，用来与净水钻相区别。

第十章
马帮带来的翡翠

啊，翡翠。

哦，美丽的宝石。

翡翠到底有多么美丽？请看几句古诗吧。

一首唐诗中这样描写道：

翡翠

舞衣叠翡翠，

海月挂珊瑚。

另一首诗描写道：

百宝镜轮金翡翠，

五云丝网玉蜘蛛。

瞧，把翡翠和珍贵的珊瑚、丝、玉相比，可见它有多么美丽啊！

翡翠是玉的一种，说得更加具体些，是一种特殊的硬玉。因

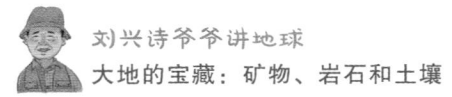

为它的主要色调是绿的，所以又叫翠玉。在人们嘴里，它还有一个名字，叫作缅甸玉。

为什么叫这个名字？因为它最早的原产地就在缅甸北部的群山中，那里是世界上最早发现翡翠的地方。传说第一块翡翠，就是从缅甸带到中国来的。缅甸的翡翠产量占全世界的一半以上。

关于它的来历，有许多古老的传说。

请听下边一个神奇的故事。

据说，有一队从缅甸运盐回国的马帮，走在半路上，马背上两边的笋筐失去了平衡。赶马的马夫就顺手在路边捡起一块石头，放进一边的笋筐里。回家卸下了盐，这块石头就被留在马圈中，压根儿就没有人注意它。想不到这块石头被马蹄踩来踏去，外面的皮壳慢慢磨掉，露出了里面色彩鲜艳的绿色翡翠。人们惊呆了，做梦也想不到竟无意中带回来一块宝贝。

在缅甸，也有一个关于翡翠的奇特传说。根据历史记载，公元 1215 年，有一个土司在过河的时候，无意中瞧见河滩上有一个奇怪的石头，外形很像一个鼓，土司认为是一个好兆头，就在这儿修了一座城市，取名为勐拱，就是鼓城的意思。

群山环绕的勐拱，就这样走进了人们的视线。如今勐拱已经成为"翡翠"的代名词，是翡翠重要的集散地。喜爱这种绿宝石的人们，从四面八方赶到这儿来，寻找它的踪迹。

啊，翡翠！

啊，五光十色的宝石！

咦，不是说它是绿的吗？怎么又是五光十色了？

翡翠不是简单的绿宝石，它的色调变化无穷。红橙黄绿青蓝紫，几乎什么颜色都具备。拿最主要的绿色来说，细分就有好几十种，真是美丽极了。请听它的一些品种的名字，红翡、墨翠、黄棕翡、干青种、蓝花冰翡翠、紫罗兰翡翠、白底青翡翠、花青翡翠、油青翡翠、芙蓉种翡翠、藕粉种翡翠，真是丰富多彩。在缅甸有一个品种，干脆就叫作"情人的影子"，实在太让人心驰神往了，无数人为此痴迷，难怪它是人见人爱最珍贵的宝石。

你知道吗？

翡翠鸟

"翡翠"这个名字是怎么来的？有人说，是因一种鸟儿得名的。

翡翠鸟生活在南方的热带丛林里，毛色非常美丽，有蓝、绿、红、棕等多种颜色。唐代诗人陈子昂的"翡翠巢南海，雌雄株树林"，就说明了它的来历。

请看南唐词人冯延巳在一首词中对它的描写——"池塘水冷鸳鸯起，帘幕烟寒翡翠来"，多么美丽啊！它完全配得上"翡翠"这个名字。

翡翠鸟

第十一章
祖母绿宝石的故事

请听，这是一个关于祖母绿的真实故事。

祖母绿是什么？就是一种特别珍贵的绿宝石。它的名字来源于古波斯语的译音，原意是"绿石头"。它呈现透明的翠绿色，显得特别高贵美丽。

在西方，祖母绿是献给代表爱与美的女神维纳斯的礼物，现在则被当作五月诞生石。

传说，维纳斯非常喜欢这种特殊的绿宝石，赋予它考验爱情忠贞的魔力。当时有一首诗歌这样描写："祖母绿就像女神一样楚楚动人。它能考验年轻恋人的爱情是否忠诚。如果忠贞如一，它就会翠碧如春。恋人如果变心，树叶就会凋零，它也会发暗。"

古代以色列国的所罗门王对美丽的苏拉米发说："爱人啊，你要把这个祖母绿戒指常常戴在手上。因为祖母绿是我心爱的宝石。祖母绿碧绿、纯洁，柔和、悦目，像春天的嫩草。如果你多看它一会儿，你的心情就会愉悦。如果你一早看见它，那么你整天都会觉得轻松愉快。到了晚上，亲爱的，我还要把它挂在你的床头。

祖母绿

它能驱散你的噩梦，平复你的心情，涤除你的烦恼。谁要是随身带着祖母绿，毒虫和蝎子都会远远躲开他。"

南美洲西北部安第斯山，特别是哥伦比亚境内，是祖母绿主要的产地，那里的产量大约占世界总产量的80%。其中一种最珍贵的品种，其中心放射出六根太阳光线似的线条，组成一个星状图案。当地人认为这是神的特别恩赐，每一根线条都蕴含一种美好的祝福，将会给人带来健康、财富、爱情、幸运、智慧、快乐。

生活在这儿的印第安人传说，在众山屏蔽和激流、瀑布封锁的内陆腹地里，存在着一个由"镀金人"统治的黄金国。那个神秘的国度，黄金和宝石不计其数，却无路可通。那儿盛产一种青翠如林中的嫩叶，光彩像孔雀翎毛般的祖母绿宝石，比黄金更加贵重，所以有人又把那里称作绿宝石国。白昼，太阳光在黄金表面闪耀，发出一片灿烂的金光，闪耀得人们睁不开眼睛；夜晚，祖母绿宝石在淡淡的月华下散发出暗淡的幽光，洗涤了人们的灵魂污垢，让心灵无限平静。

人们传说，这些闪光的绿宝石，是生命女神巴丘艾泪水的结晶，其中一颗如鸵鸟蛋大小，是最美丽的祖母绿宝石，也是巴丘艾女神本人的化身。创世之初，善良的巴丘艾女神带着一个小男孩，

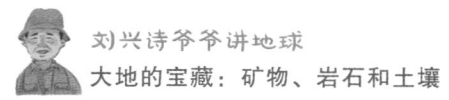

从圣湖伊瓜苏的湖波里升起。当她完成了繁殖人类的任务后，变成一条水蛇，又悄悄消失在湖水深处。所以人们便在湖边修建了一座祭祀她的神庙，把那颗价值连城的祖母绿宝石供奉在神龛上。

黄金和祖母绿吸引着贪婪的殖民者，他们组织了一支支"探险队"前往寻找。我们就在这里举出其中几个"探险家"的罪恶行动吧。

1529 年，意大利"探险家"安布诺泽·埃希根利，带领一支日耳曼雇佣军进入山中寻找"黄金国"。一路上洗劫村庄，严刑拷打印第安人，强迫他们交出所有的黄金制品。为了取下印第安人脖子上的黄金项圈，甚至砍断其脖子。他们沿途烧杀抢掠，用火在壮年男子身上烙上烙印，强迫他们当奴隶，安布诺泽·埃希根利得到"最残暴的人"这个不光彩的称号。雇佣军最后被愤怒的印第安人包围消灭，他也被活活打死。

1531 年，西班牙"探险家"迪亚科·奥尔达斯，领兵到达巴西的亚马孙河河口，劫掠了一个印第安人的村庄，得到一些绿宝石，后来打听到它的产地在南美洲西北部的山中。他顺着这条大河向内陆前进，不但没有找到绿宝石产地，反而翻了船。这个贪心的家伙不死心，又改变方向，沿着奥里诺科河逆水而上，结果被一系列瀑布挡住去路，不得不退回来。

1536 年，西班牙在南美洲西北部的驻军首领冈萨雷斯·恺撒达，领兵沿河进入山区寻找"黄金国"，一路烧杀劫掠，终于到达了一个富庶的地方。根据西班牙历史学家的记载，他的"行动如同闪电和水银一样"，抢光所有的金银宝石制品，烧光所有的房屋，使一切化为灰烬。1538 年，他在这里建立了一个城堡，命名为圣菲，这就是后来哥伦比亚的首都波哥大。由于他并没有找到真正的"黄金国"，后来又进行了许多次讨伐。印第安人宁愿死，也没有透露与此相关的内容。传说中的"黄金国"和神圣的巴丘艾女神，永远也没有被殖民者发现。

红宝石、蓝宝石、青金石、祖母绿、海蓝宝石

红宝石和蓝宝石都是刚玉，摩氏硬度为9，仅仅低于钻石。在印度语中，刚玉就是"坚硬"的意思。红宝石有许多品种，其中最贵重的是"鸽血红"，颜色鲜艳得好像鸽子血。因为出产在缅甸，所以又叫"缅甸红宝石"。

不管是红宝石还是蓝宝石，外观都非常美丽。有的加工后呈现一种特殊的星光效应，那就更加名贵了。

青金石也是一种蓝色的宝石，出产在阿富汗山区。古代意大利大旅行家马可·波罗，就是在这儿发现过它的踪迹。

祖母绿是绿柱石的一种，本色绿幽幽的，特别招人喜爱。据说著名的古埃及女王克莉奥帕特拉就特别喜欢这种宝石，总是佩戴着它，并把它作为美丽、财富和权力的象征。古罗马暴君尼罗，还专门磨制了一副祖母绿薄片眼镜呢，这可谓人世间最昂贵的太阳镜。

海蓝宝石也是绿柱石的一种，本色应该也是绿的，因为其中含有一种特殊的铁的成分，所以变成海水一样的美丽蓝色。

中间是海蓝宝石

第十二章
山东钻石奇闻

山东是我国出产钻石的省份，有许多发现钻石的趣闻。

抗日战争期间，山东省郯城县的李庄，有一个爱喝酒的光棍穷汉。由于家里没有老婆孩子，老是一个人跑到村里的小酒馆喝闷酒。他穷得叮当响，几乎揭不开锅，却爱酒如命，放不下酒杯，常常向酒馆老板赊酒喝。老板见着他就烦，却没有办法把他赶走。

有一天，他在酒馆里喝完了酒，醉醺醺地、东倒西歪地走回家，一不小心跌进路边的水沟里，全身弄得湿淋淋的。他好不容易爬起来，昏昏沉沉走回家，换下湿衣服，再脱下沾满泥的草鞋，忽然，一个亮晶晶的东西从鞋底滚了下来。

咦，这是什么东西？

他拿起来在油灯下一看，大约有一颗花生米大小，好像是一颗小石子。

他正要扔掉，低头再一看，发现它有一点奇怪的亮光。

啊，这是怎么一回事？

他急忙拭掉小石子表面的泥土仔细瞧，立刻不相信自己的眼睛了。

哇，想不到这不是普通的小石子，而是一颗有棱有角、周围有 12 个晶面、晶莹闪亮的钻石呀！

瞧着手中的钻石，这个醉汉已经完全酒醒了，认为这是救苦救难的观世音菩萨赏赐给他的礼物，不由得心花怒放，高兴得手舞足蹈。他再也不想睡觉了，连忙用红纸小心包好揣进怀里，兴冲冲重新走回酒馆，大声对老板喊道："快给我拿酒来！"

老板见他又回来了，十分讨厌，恶声恶气地回答说："你已经喝了那么多，还喝什么？要喝酒，先把以前的酒债付清了再说吧。"

那个穷汉一听，从怀里掏出红纸包裹的钻石，"啪"的一下放在桌子上，摆出财大气粗的样子，叫嚷道："你睁开眼睛看一下吧。老子这颗钻石值多少钱？如果我高兴，把你这个破酒馆也能买下来。"

钻石

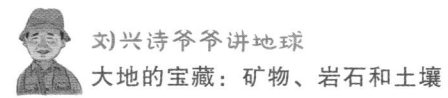

老板凑过来一看，简直不相信自己的眼睛了，想不到这个欠了一屁股酒债的穷光棍，怎么刚刚出去一会儿，就像变戏法似的弄来一颗大钻石。现在他是有钱的富爷了，老板不敢怠慢，连忙赔着笑脸送上一瓶又一瓶酒，喝得他晕乎乎的，好像整个天地都在他的面前旋转。

第二天消息传出去，整个村子都沸腾了。消息很快就传到伪村长耳朵里，他一下子起了坏心眼儿。他连忙派几个狗腿子，把这个拾到钻石的穷汉抓进村公所，逼着他交出那颗钻石。穷汉当然不肯，伪村长就指使狗腿子们把他吊在屋梁上一阵毒打。他被打得死去活来，最后只好忍痛交出了钻石。

伪村长最后占有这颗钻石了吗？

不，他也没有好结果。县城里的日本鬼子很快就知道了，又把那个伪村长抓去，命令他立刻交出来。伪村长是要钱不要命的家伙，不管日本鬼子怎么打，也不肯拿出来。日本鬼子光火了，放出狼狗活活咬死了他。那颗钻石最后落入万恶的日本鬼子手里。

还有一个故事发生在 1977 年 12 月 21 日，山东省临沭县岌山镇常林村农民魏振芳在田里松土的时候，突然挖出一颗大钻石，重 158.768 克拉，长 17.3 毫米，比重 3.52，颜色呈淡黄色，是八面体和菱形十二面体的晶体聚合形态，纯净透明得像水晶似的。她觉得这是一个宝物，就把它交给了国家。专家一看，可了不得，这是到当时为止，在我国发现的第二颗超过 100 克拉的宝石级天然大钻石。根据发现地点常林村将它命名为"常林钻石"，成为我国的国宝。

像这样发生在山东的钻石奇闻还有许多，你们也可以自己找找看。

我国钻石概况

　　我国的钻石主要产于山东、辽宁、湖南等省，已经在 16 个省区发现了钻石。已探明的钻石储量和目前产量均居世界第 10 位左右。

小卡片

我国十大钻石

　　1．白毫钻石。重约 595 克拉，产地不详，现在被保存在西藏日喀则，镶嵌在扎什伦布寺大铜佛的额头。

　　2．金鸡钻石。1937 年在山东省郯城县李庄乡，由一个名叫罗振邦的农民发现，据传其重 281.25 克拉。因外形酷似一只刚出壳的小鸡而得名，又有人说因发现于金鸡岭而得名。抗日战争期间被驻扎在临沂县（今临沂市）的日军掠走，至今下落不明。

　　3．常林钻石。1977 年发现。

　　4．陈埠 1 号钻石。1981 年在山东省临沂县陈埠矿区砂矿开采过程中发现，西距常林钻石出土地点 4000 米，重 124.27 克拉。

　　5．蒙山 1 号钻石。1983 年在山东省蒙阴县王村矿区原矿开采过程中发现，重 119.01 克拉。

　　6．陈埠 2 号钻石。1982 年在山东省临沂县陈埠矿区发现，

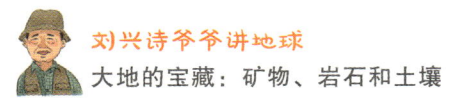
重 96.94 克拉。

7. 陈埠 3 号钻石。1983 年在山东省临沂县陈埠矿区砂矿开采过程中发现，重 92.86 克拉。

8. 蒙山 2 号钻石。1991 年 5 月 30 日在蒙山 1 号钻石发现地点附近原矿开采过程中发现，重 65.57 克拉。

9. 岚崮 1 号钻石。1991 年 5 月 18 日在辽宁省瓦房店矿区选矿过程中发现，重 60.15 克拉。

10. 江苏 1 号钻石。1971 年一个拾柴的农民在新沂至宿迁的公路边拾到，重 52.714 克拉。

第十三章

金牛山的"鬼火"

　　湖南省石门县的金牛山有一个奇怪的现象——每到晚上，山上就会显现出星星点点的奇异绿光，闪闪烁烁，几乎布满整个山头。胆小的人远远看见，以为是鬼魂出现，被吓得不敢从这里走过，所以这座山自古以来就是有名的"鬼火山"。也有人说，这不是鬼火，是山里的金牛出来喝水，那些闪烁不定的绿色亮光，是它身上的金子在闪光。不管是"鬼火"，还是"金牛"身上发出的亮光，都有异常神秘的气息。

　　哈哈，世间根本就没有鬼，哪来什么"鬼火"？

　　这儿的"鬼火"到底是怎么一回事？迷信需要科学来破解——原来是磷发出的绿光。

　　磷是化学元素中的易燃物质，在还原性条件下很容易生成磷化氢。这种气体在常温条件下就会自行燃烧，虽然白天看不见，晚上常常就会显现出来，发出微弱的绿色亮光。人和动物骨骼里含有磷，死后尸体腐烂了，也能生成磷化氢。因为这种现象常常在墓地出现，所以就被迷信的人们当成"鬼火"了。

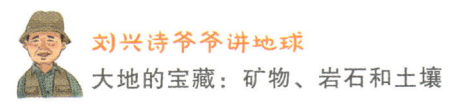

地质队员说，磷灰石也能玩出这样的恶作剧。

磷灰石是一种矿物，主要成分是磷酸钙，是制造磷肥的重要原料，还能够用来制造玻璃、瓷器等。它在紫外线、阴极射线照射下，或者遇热以后能发光，光亮与萤火虫发出的光类似。疑神疑鬼的人们在黑暗中看见，没准儿也会把它当成阴魂不散的"鬼火"。

大胆走过去吧，一点也不用害怕。

关于磷这个元素，还有离奇的故事呢。

欧洲中世纪的炼金士们，有许多古里古怪的想法，他们总想制造出一些非凡的玩意儿，异想天开炼金出尽了洋相，制造什么有生命的"哲人石"就是一出闹剧。

1669年，德国汉堡有一个叫布兰德的炼金士，他把尿放在烧杯里蒸发干，留下一些渣滓，再继续加热，结果意外发现了磷光。他认为这就是"哲人石"的一种，把这种可以发出冷光的物质叫作磷。磷这个元素就这样意外被发现了。在古希腊文里，"磷"这个字，就是"带有光"的意思。

炼金士们继续研究这种可以发光的"哲人石"。他们发现，它来自人的骨骼，可以发出绿莹莹的神秘亮光。他们认为这是"生命和思想的元素"，想进一步探察它的秘密。在此期间，一个实验室意外爆炸，人们由此知道了磷还有易爆这种性质。后来一位化学家还发现了它对促进植物生长的重要作用，把它引进到农业生产中，发明了有用的磷肥。

来自巴西的蓝绿色磷灰石宝石

磷灰石的用途

　　磷是促进农作物生长的一种重要元素。磷灰石磨成磷矿粉，可以作为改良酸性土壤的肥料。磷肥对农作物的增产起着重要作用。磷灰石还能作为化工原料，在化工、轻工、国防等领域有很大的用处。

鸟粪石

　　你可知道，鸟粪也是很好的肥料。我国南海东部的东沙岛，是南来北往的候鸟落脚点。加上岛上植物十分茂密，是鸟儿觅食栖息的好地方。另外，珊瑚礁附近鱼儿多，也招引来一群群吃鱼的海鸟。科学家报告说，这儿有140多种鸟，它们叽叽喳喳居住在一起，自然就成为一座"鸟岛"。

　　不消说，这个岛上积累的鸟粪很多。日积月累有好几米厚，形成了一种特殊的资源。这种鸟粪含有丰富的磷酸盐和别的成分，是难得的优质肥料和制药的原料。不久前在这儿发现的一块鸟粪石，就是最好的证据。可惜在第二次世界大战期间日本强盗侵略中国的时候，这里也被抢掠开采，侵略者欠下了一笔特殊的鸟粪债。

第十四章
不是土的高岭土

啊，高岭土，创造历史文明的元素。

为什么这样说？

因为它就是制造瓷器的原料，大名鼎鼎的陶土呀！

瓷器，china。这是咱们中国的一张名片，"海上丝绸之路"将它从古老的东方运送到四面八方，从

元代釉下景德镇大磁盘

而声名远播。古往今来，谁不知晓，谁不喜爱？

高岭土为什么叫这个名字？

因为世界上制造瓷器最好的原料土，就出产在江西景德镇的高岭村。这是一个以产地命名的专有名字。

在人们口中，高岭土还有许多名字，它又叫观音土、白鳝泥、膨土岩、斑脱石，或者干脆就叫作陶土。

噢，观音土。从前在有灾害的年头，人们实在找不着吃的东西，就挖一些观音土，也能暂时填饱肚皮，认为这是救苦救难观世音菩萨恩赐的代食品。但实际上吃下它，肚皮里胀得很难受，不到饿得实在没有办法，也不会咽下去。

高岭土是一种土吗？

不，高岭土不是土，而是一种矿物。这是一种非金属矿产，和云母、石英、碳酸钙并称为四大非金属矿，它是制造陶瓷的主要原料。

高岭土

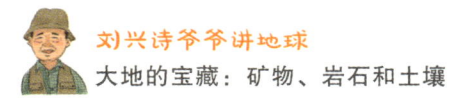

仔细分析它的组成，其中主要包括高岭石、水云母、伊利石、蒙脱石，还有一些石英和长石，成分非常复杂呢。

高岭土是什么样子？

这是一种白色的软泥，质地非常松软，颗粒非常细腻，好像面粉似的。

除了制造瓷器，高岭土还有什么用处？

它的用途可广泛啦！除了陶瓷工业，还能用在纸张、耐火材料的制造上。此外，在涂料、橡胶填料、搪瓷釉料、白水泥原料领域也有很重要的作用，还可用于制造塑料、油漆、颜料、砂轮、化妆品、肥皂、农药等。

第十五章
猫眼石的秘密

　　猫眼石是一种稀罕的宝石。有一本名为《三垣笔记》的古书说，在明朝皇帝举行喜庆活动的时候，"礼冠需猫眼"，可见它多么珍贵，也多么重要。

　　另一本叫《格古要论》的古书说："猫眼石产南蕃，色如酒。中有一道白线如猫睛者为佳品。混浊者，青色者，则不足奇矣。"南蕃就是今天的斯里兰卡，是猫眼石的主要产地。

　　猫眼石是怎么一回事？请听，这儿有两个有趣的故事。

　　一个故事来自斯里兰卡。据说从前这里有一个养猫的老人，特别喜爱猫，猫死后就把它埋在山上。有一天他梦见自己的爱猫复活了，高兴得要命，连忙刨开猫的坟墓。想不到猫的尸体已经没有了，只留下两颗亮晶晶的眼珠，中间有一条白色的光带，这就是猫眼石了。

　　另一个故事来自印度。说的是这里的一座神庙里，有一尊奇怪的神像，神像的眼睛眯成一条细细的缝隙，就像是中午时刻猫的瞳孔似的，眼珠随着光的来源而移动，真是神奇极了。石雕的

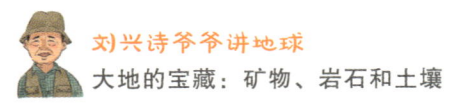

菩萨没有生命，眼珠怎么会动来动去呢？人们认为是菩萨显灵，于是对其顶礼膜拜，崇拜得不得了，这个奇异的现象也就慢慢传播开了。

真是神灵的作用吗？有人不相信。仔细观察后，这才看清楚——原来神像的眼珠是两颗奇异的宝石。这是一种宝石的特殊光学现象。有的宝石在外界光线照射的时候，表面会出现一条很细很窄很明亮的反光。原来这是因为在它的结晶形成过程中，有一些非常细小的针状物质留在晶体内，形成一种特殊的包裹体。当外界强光照射的时候，就会出现一条和包裹体排列方向垂直的亮光，这就是"猫眼闪光"了。

猫眼石也有假的。有一些矿石也有不明显的猫眼效应，表面也有一条光带，但是很不清晰，不能随着光源来回移动。这都不是真正的猫眼石。更加使人气愤的是一些不法商人，用玻璃大批制造出一种仿猫眼的小珠子，冒充珍贵的猫眼石，在一些旅游景点高价出售，欺骗来往的游客。我的一个中学老同学，兴致勃勃到一个著名景点旅游，就稀里糊涂上了当。多亏他拿出来让我鉴定一下，他连忙返回退货，才避免了损失，大家可要小心啊！

 小知识

欧泊的故事

据说，在古罗马时代，一个名叫诺尼乌斯的贵族有一颗珍奇的欧泊宝石。这宝石不仅颜色非常鲜艳，还能在阳光下变色，他喜爱得不得了。一传十，十传百，消息散播出去，大家都知道了这件事。后来，最高执政官安东尼得到了这个消息，要出钱买下

来，或者用别的珠宝交换。诺尼乌斯不答应，安东尼就用流放来威胁他。

在这种情况下，换了别的人，必定低头屈服了。谁知，诺尼乌斯很倔强，表示就是被流放到天边，也不愿意放弃这颗欧泊宝石。虽然他遭受厄运，失去了一切，却将心爱的宝石带在身边，显示出了不屈不挠的精神。

由于这件事，欧泊宝石被当成了不吉利的象征。许多人爱它，却害怕它也给自己带来不幸的命运。

这个故事说明了什么？就是"匹夫无罪，怀璧其罪"嘛。这只能怨残暴的统治者，能责怪欧泊本身吗？

欧泊就是一种美丽的变彩蛋白石，因为有的是透明的，有的却像蛋白一样混混沌沌的，所以叫作这个名字。变彩的欧泊能够散发出五颜六色的闪光，和猫眼石、萤石一样，也是会发光的宝石。

蛋白石

第十六章
和氏璧的传奇

　　据说，在春秋时期，楚国有一个叫卞和的雕琢玉匠。他在荆山（位于湖北省襄阳市南漳县内）得到一块璞玉，高高兴兴捧着去献给楚厉王。楚厉王叫殿前的玉工看看有没有价值。玉工说这只是一块普通的石头，没有一点用处。楚厉王大怒，认为卞和欺哄自己，犯了欺君的大罪，砍下了他的左脚。

　　楚厉王死了，他的儿子武王即位，卞和又带着这块璞玉去见武王。武王又让玉工先看看。玉工还是一口咬定，说是一块没有用的石头。他又失去了右脚。不久武王死了，文王上了台，卞和抱着这块璞玉在山下痛哭了三天三夜，眼泪都流干了，最后流出来的全是殷红的鲜血。

　　文王听说了这件事，派人问他为什么哭。

　　卞和说："我并不是为自己被砍去了双脚而伤心，而是哭这样好的宝玉，却被当成了石头。我一向忠心耿耿，竟被当成了欺君的小人。我本没有罪，却遭受这样严厉的刑罚和侮辱。"

　　文王觉得他说的是真话，叫人剖开这块石头，看看里面到底是什么东西。想不到剖开难看的外壳，里面真的是稀世的宝玉。就取名为"和氏璧"，大大表彰了他。

这么宝贵的和氏璧，后来到哪儿去了？

不知怎么的，它在楚国丢失了。又不知怎么一回事，在战国时期落到北方的赵惠文王手中。赵惠文王真心喜欢，觉得自己的运气真好。这事被西方的秦昭王知道了，就派使者对赵王说，愿意用十五座城池来换这块玉。

赵惠文王收到信，心里十分焦急。他知道秦昭王没有安好心，绝对不会用十五座城池来换和氏璧。可是秦国比赵国强大，他又不敢拒绝秦昭王，弄不好，还会成为秦国派兵进攻的导火索。他想来想去不知道该怎么办才好，手下的幕僚们也是一筹莫展。

正在焦急的时候，一个叫蔺相如的大臣站出来，对他说："让我带着这块玉去走一趟吧。我会见机行事。如果秦王没有诚心，不肯用十五座城池来交换，我一定把它完完整整带回来。"

赵王见他说得恳切，又实在没有别的办法，只好就让他去了。

蔺相如到了秦国，秦王非常高兴，亲自在王宫里接见了他。蔺相如双手把和氏璧献给他，秦王接过来看了又看，心里很喜欢。自己看完了，又让身边的大臣们一个一个传看，还要派人送到后宫给妃子们欣赏，压根儿就不提用十五座城池交换的事情。

蔺相如知道他不想做这个买卖，就不动声色对秦王说："这块玉虽然很好，却还有一点毛病，让我指给您看吧。"

秦王不知道这是蔺相如的计策，就把和氏璧交还了他，眼巴巴望着他，想看有什么问题。

蔺相如接过来，退后一步紧紧靠着一根柱子说："当初大王派人来说，愿意用十五座城换这块玉石，大家都不相信。可是我却

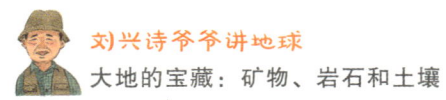

不这样想，相信大王是真心真意的，赵王这才勉强派我把它送来。想不到大王接过去，再也不提交换的事情了，看来真的没有诚意。现在它在我的手里，如果大王硬要逼迫我，我情愿把自己的脑袋和它一起撞碎在这根柱子上。"

说着，他就举起和氏璧，做出要碰撞的样子。秦王没辙了，又不敢命令武士去抢，担心蔺相如真的会把这个稀世珍宝撞碎，连忙表示对不起，假惺惺拿出地图，表示要把十五座城给赵国。

蔺相如没有上当，对秦王说："这是非常珍贵的宝物。赵王送来的时候，专门斋戒了五天，还举行了盛大的仪式。大王现在要接受它，也得斋戒五天，举行同样的仪式才成。"

眼看蔺相如的态度这样坚决，秦王只好同意了，送他回驿馆休息。想不到蔺相如悄悄派人带着和氏璧，偷偷跑回了赵国。秦王发现后，后悔也来不及了，杀了他也没有用，只好放他回国。蔺相如就这样取得了胜利，上演了一出"完璧归赵"的精彩好戏。这件事记载在司马迁写的《史记》中，蔺相如也留下了千古美名。

小知识

软玉和硬玉

软玉和硬玉的区别，主要是硬度。翡翠就是硬玉的一种；软玉的范畴很广泛，常见的白玉，包括和田玉、岫玉、独山玉、蓝田玉等都是软玉。

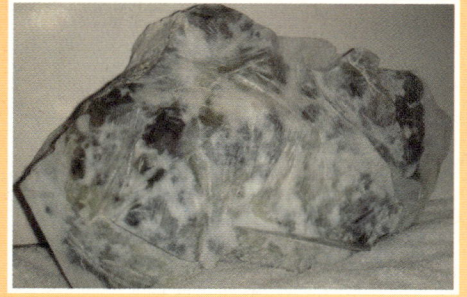

一块尚未加工的蓝田玉

第十七章
葡萄美酒夜光杯

请看，唐代边塞诗人王翰的一首《凉州词》：

葡萄美酒夜光杯，

欲饮琵琶马上催。

醉卧沙场君莫笑，

古来征战几人回。

啊，夜幕降临的时刻，天上高高挂着一钩新月，夜空布满灿烂的星星。擎起一个晶莹闪亮的酒杯，盛满了香喷喷的葡萄酒，面对空旷的天地一饮而尽，这该是多么壮美的场景，真是酒不醉人人自醉。

读了这首诗，人们不禁会问："世界上真有夜光杯吗？"

有呀！西汉时期博学多才的东方朔在《海内十洲记》中的《凤麟洲》记载："周穆王时，西胡献昆吾割玉刀及夜光常满杯。刀长一尺，杯受三升。刀切玉如切泥，杯是白玉之精，光明夜照。"

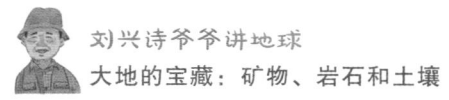

这个"夜光常满杯"，就是夜光杯。由此可见，早在两千多年前，就有这个东西了。

夜光杯是用什么原料做的，为什么会发光？这里有一个古老的民间传说。

据说，酒泉城下的泉水中，飘散着一股浓浓的酒香，黄昏时分香气特别浓郁。天上的南斗星君和北斗星君闻着了，忍不住按低云头，落在泉边一棵大柳树旁。这时候，天色已经晚了，南斗星君顺手捡起两块石头，吹了一口仙气，变成两个酒杯，二人边饮酒边下棋。虽然空中没有月光，但是借着酒杯发出的亮光，棋盘还能看得清清楚楚。这两只奇异的酒杯，就是流传千古的夜光杯。

夜光杯真是这样来的吗？当然不是。

有人说，这是用夜明珠一样的东西做的，当然就会发光了。

有人说，这个杯子自己不会发光。因为里面装满了酒，在灯光和月光映照下，酒杯轻轻晃动，就会生成闪烁的光影效应。

真实情况是，河西走廊西头的酒泉，出产一种墨绿色夹着一些淡黄和黄白色条纹的玉石，叫作酒泉玉。用这种磨得很薄很薄的玉石做成的酒杯，透明度很好，容易产生特殊的夜光现象。

酒泉距离西域不远，正是古代战争时期军队经常来往的地方。人们认为，古时候的夜光杯，就是这儿出产的。诗人就是在这儿喝了夜光杯里的葡萄美酒，兴味盎然写下了这首诗。从这首诗可以知道，至少在唐代就有夜光杯了。葡萄美酒产于凉州（今天的武威），夜光杯产于肃州（今天的酒泉），由于有夜光杯，葡萄美酒更加出名；也因为有了葡萄美酒，夜光杯的名声更加远扬。二者相得益彰。不消说，王翰那首《凉州词》起到了更大的宣传作用，夜光杯的美名从此流传千秋。

羊脂玉

夜光杯到底是用什么材料制造的？古人的说法各不相同。

一种说法是，夜光杯也曾用羊脂玉作为原料制作，十分珍贵。

新疆和田最好的白玉，就是这种羊脂玉，可算是和田玉中的精品。当地人常常趁着月光在河床里寻找。只要瞧着月光下闪闪发光的，那就是它了。

和田羊脂白玉雕刻件

你知道吗？

切玉刀

切玉刀是古代传说中的一种宝刀。晋代张华写的《博物志》说："《周书》曰：'西域献火浣布，昆吾氏献切玉刀。火浣布污，烧之则洁，

刀切玉如腊。'"表明这种刀可以切削坚硬的玉石。

陆游诗中说的"打球骏马千金买，切玉名刀万里来"，也证明古时候真有这种削玉如泥的刀。

切玉刀到底是用什么材料制成的？可以从玉石的硬度来推测。

玉石可以分为硬玉和软玉两种。硬玉的硬度达到摩氏 6.75~7.0；软玉硬度为摩氏 6.0~6.5。切玉刀至少也得比软玉硬些才行。

根据摩氏硬度表，就只有硬度较大的金刚石、刚玉、黄玉、石英才能切削玉石。前面《博物志》引用《周书》说，这种刀切玉好像切腊一样，腊是干肉，一般的菜刀切着非常方便。常见的石英硬度只比玉石大一级，非得用它切玉石，就只能像锯子一样使劲锯来锯去，不可能像切肉那么方便。如果古时候真有这种切玉刀，那就只可能是非常稀罕的金刚石、刚玉、黄玉了。从《周书》来看，这是昆吾氏献的，所以又叫昆吾刀。昆吾氏最先居住在今天的山西安邑一带，后来才迁移到河南的濮阳、许昌等地。安邑在中条山中，曾经是古代夏朝最早的都城。这儿蕴藏着丰富的矿产，是我国最古老、最重要的铜矿基地。三四千年前中原夏商时期青铜文明的诞生，就和这儿紧密相关。

中条山铜矿是古老的元古代变质岩层状铜矿床。铜产在远古白云岩、大理岩、片麻岩中，顺着一层层产出。矿体有层状、似层状、透镜状等形式。在这种情况下，含有许多共生的其他矿物。发现一些比玉石坚硬的矿物，完全可以理解，很可能这就是传说中切玉刀的来历了。说白了，就和现在普遍使用的切玻璃刀是一回事。现在市场上卖的切玻璃刀是用硬质合金做成的。古时候没有这样的技术，没准儿这就是某种比玉石硬一些的珍贵矿物吧。

根据记载，秦始皇时期，"西胡"也献过切玉刀。"西胡"在今天的新疆一带，山中出产坚硬的矿物就更不是稀奇事情了。

第十八章
神奇的"火浣衣"

据说，周穆王征伐西戎的时候，得到一种奇怪的火浣布。这种布脏了不用水洗，只需放进火里烧一下，拿出来轻轻一抖，转眼就干干净净了。

东汉末年，有一个叫梁冀的大将军独掌朝政 20 年，非常骄奢横暴。有一次，他为了显示自己多么富有，拥有众多奇异的珍宝，专门举行了一次盛大宴会。客人们瞧见他的装束和平时不一样，他穿的不是锦绣衣服，而是一件从来也没有见过的奇怪袍子，在那里得意扬扬地大宴宾客。宴会进行时，他故意和别人抢酒盅相互敬酒，客人失手洒了酒弄脏了衣服。

当客人诚惶诚恐道歉的时候，他一下子板着面孔生气说："我不要这件袍子了，把它烧了吧。"

说完这句话，他就顺手脱下衣服，丢进旁边熊熊燃烧的火盆里。客人们大惊失色，纷纷交头接耳地议论，担心这件衣服被烧坏。想不到这件衣服在火里不但没有被烧坏，反而发出耀眼的光芒，使围观的客人们更加吃惊。一会儿火熄了，旁边的仆人从火中挑

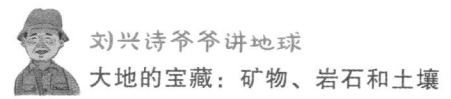

出这件宝衣。只见它依然完好无损，光彩夺目，上面的油迹已被火"洗"得干干净净，简直像新的一样。客人们看得目瞪口呆，不知道这是什么神奇材料织的衣服。

原来这是特殊的火浣布，压根儿就不怕火烧。火烧得越旺，反倒"洗"得越干净，所以被叫作这个名字。梁冀家里有许多奇珍异宝，除了这件火浣布袍子，还有一把锋利的切玉刀，都是当时听也没有听说过的宝贝。

这件事传了出来，一直传到后来曹操的儿子曹丕的耳朵里。他自以为见多识广，不相信这件事，认为简直是荒诞。想不到过了不久，西域就进贡来了火浣布。他亲眼瞧见才相信了。

什么是火浣布？就是石棉呀！因为石棉被玷污后，不用水洗，只消用火一烧就洁白如新了，所以有"火浣布"或"火烷布"的称呼。

《列子》一书中就有一段记载："火浣之布，浣之必投于火。布则火色，垢则布色。出火而振之，皓然疑乎雪。"这话的大概意思是，清洗它就把它丢进火里，它一下子就被烧成了火红色，出火后轻轻一抖就干净了。

咱们中国是出产石棉的大国，老祖宗早就发现了它不同寻常的特性，使用这种材料的历史很久。根据记载，早在西周时期就已经能用石棉纤维制作织物了。《山海经》中也有火浣布的记载。马可·波罗访问中国的时候，也曾经瞧见用一种特殊的"矿物物质"，来制作防火服。

因为石棉有闪光的特性，所以古时候又有夜光木、无灰木、不灰木等名称。明代李时珍的《本草纲目》里介绍说，不灰木"其色白如烂木，烧之不燃，以此得名。或云滑石之根也"。

清代《燕都杂咏》中有一首咏石棉的诗：

滑石根如木，焚烧终不灰。

相传火浣布，即此夜光材。

我国是世界上最重要的石棉产地，石棉资源非常丰富，质量也特别好。四川省大渡河边有一个盛产石棉的地方，干脆就叫石棉县。那里的石棉不仅储量大，品质也特别优良。那里出产的石棉纤维有 1 米多长，远远超过英国伦敦大英博物馆里的展品，比别处的都优良，是当之无愧的石棉之乡。

与梁冀故意烧火浣布袍子、显摆自己类似的故事，在古希腊也出现过。据说当时有一位王公，大宴宾客后，把一块用石棉制的白色桌布扔进火里，却没有烧坏，客人感到非常惊奇。古埃及也曾经用石棉来制作法老们的裹尸布，可见许多文明古国都曾发现这样奇特的火浣布。

石棉

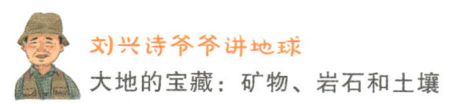

石　棉

　　石棉不是石头，而是一种特殊的硅酸盐矿物，分为蛇纹石石棉和角闪石石棉两大类。石棉能够耐热、隔热、保温、防火、绝缘、隔音、耐酸碱侵蚀，压根儿就不怕火烧。它的可纺纱性好，还有很高的机械强度。故事里说它经过火烧后，不仅不会烧坏，而且变得更加清洁光亮，丝毫也不夸张。仔细观察石棉，可发现和别的矿石不一样，它具有特殊的纤维状结构，可以劈裂成一条条纤细柔韧的纤维。用它纺织成的石棉衣服，可供给从事炼钢、焊接等高温作业的工人和消防队员使用。

　　由于有这些特殊功能，它还能被制作成石棉水泥板、石棉瓦、石棉水泥管等建筑材料。用石棉沥青可铺路，绝缘石棉纸可做电工材料，石棉绳、石棉垫片可做各种泵和发动机的密封衬垫材料，石棉隔膜布可用于制碱工业，还可以用石棉作为原料制成汽车的刹车片、离合器片，以及制冷设备、剧场银幕等。石棉和陶瓷纤维、碳纤维、尼龙纤维的复合材料是火箭、导弹的重要绝热密封材料。石棉各种各样的用途，一下子说也说不完。

　　家庭中也有石棉。一种家用灭火布，能耐 800℃ 的高温，可以用来在家庭厨房的油锅起火时灭火，是现代化的新"火浣布"。

第十九章
流动的水银

噢，水银。

水就是水，银就是银，为什么叫水银？

那么，这是银的水，还是水的银？

怎么说都没有错。

水银就是汞。古希腊把它叫作"银水"，中国把它叫作"水银"，都是一码事。

汞就是汞，为什么叫这些名字？因为这是一种银白色的液体，所以就叫银水，或者水银了。中国以及古埃及，这两个文明古国都在很早以前就认识了它。

它实在太神奇了，银亮亮、闪闪烁烁的，好像是真正的白银，却又不像银子那样硬邦邦的，而是一种流体。

说它是流体，那就是水吗？

又不是。它可以像水一样流动，却不是真正的水。从外表看，它似乎有些黏糊糊的，却像水一样流动，甚至速度更快。古人描述说，水银泻地，无孔不入，你就知道是怎么一回事了。

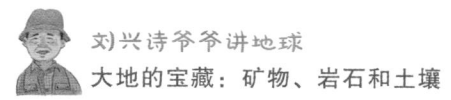
请你注意其中一个"泻"字和"无孔不入"这个词。

"泻"表明它流动的速度非常快，几乎一眨眼就流光了。就是一般的水，流得也没有这样快。

"无孔不入"表明不管多么细微的孔洞，它也能够钻进去。

这是怎么一回事？

因为它的密度很大，远远大于一般的水。加上它是液体，所以只要滴落在地上，立刻就在一瞬间渗入土中，转眼就消失得无影无踪了。

话说到这里，人们不禁会问："为什么水银的密度这样大？"

因为它毕竟不是真正的水，而是一种金属呀！

信不信由你，水银也是金属大家族中的一员，可是又和一般的金属不一样，是自然界里唯一的液态金属。因为它的熔点很低，所以能够在常温中一直保持液态，只有在 −38.9℃时才变成固态。1759 年，人们才首次在实验室里得到了固体汞。

别看它的外表像水，化学性质却很稳定，不溶于酸也不溶于碱。它外表呈银蓝色，猛一看有些像铅呢。

汞的密度很高，达到每立方厘米 13.6 克，所以它的比重很大，即使把一块铁放在水银上面，铁块也会像木块一样漂浮。

汞的沸点很低，到了 70℃便会沸腾，还随时可以蒸发，这也是别的金属没有的特性。

一天，一个地质学家到阿尔泰山的一个村子去勘查，一幅描绘当地风景的油画引起了他的注意。在这幅画上，阳光照射的湖面上升腾起一股股淡蓝色的蒸气。画里的奇异景象让他疑惑，见多识广的他，从前还没有见过这样离奇的现象呢。

人们告诉他，这是一个妖魔湖，不小心走到湖边的人，都会感到头晕目眩，甚至会慢慢死去。

他仔细研究了这幅画，觉得其中必定大有文章。经过当地人指点，他独自到实地考察。后来查明，原来这是一个"水银湖"，湖水有汞的成分。汞蒸气有剧毒，所以害死了许多人。又经深入探查，最后发现了一个巨大的汞矿。

汞的内聚力很强，能够形成特殊的水银珠。

南宋诗人杨万里，在一首《昭君怨·咏荷上雨》中，描述了一幅清丽的景象：

午梦扁舟花底，香满西湖烟水。急雨打篷声。梦初惊。
却是池荷跳雨，散了真珠还聚。聚作水银窝。泛清波。

瞧，他把荷叶上的水珠，描写为"水银窝"，也就是水银珠。请你想象一下，用水银珠来比喻亮晶晶的水珠在荷叶上滚来滚去，真是再形象不过了。

汞很早就与人类的文明史有关系。

汞在人类历史进程中，扮演了一个什么角色呢？

可以说，汞既有很多用处，又掺杂着迷信的色彩。

古时候的人们早就知道汞的神奇特性了：用它熔解别的金属，形成各种汞化物；用它制作金箔和镜子；医生治病也用上了它。

天然的硫化汞又被叫作丹砂，鲜红的外表很抢眼，很早就被当作红色颜料了。考古学家在殷墟出土的甲骨片上发现涂抹有丹砂，证明当时就使用了天然的硫化汞。

因为它太神奇了，中国古代一些王侯的墓葬中也用上了它。春秋、战国的贵族墓，就有"水银为池"的说法。《史记·秦始皇本纪》

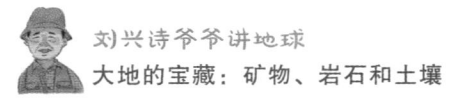

记载秦始皇陵"以水银为百川江河大海，机相灌输。上具天文，下具地理"。哎呀！在这些古墓里居然把稀罕的水银成池存放使用，可见当时的国人已经能够取得大量的汞了。

中国古代还把汞作为外科用药。1973 年，长沙马王堆汉墓出土的帛书中，有《五十二病方》，这可能是战国时代留下的，是现在已知的中国最古老的医方。那里也有用水银、雄黄混合治疗疥疮的办法，其中有四个药方就用到了水银。

在现代生活中，水银的作用越来越多。人们制造出了水银温度计、气压计，使用非常方便。水银还可以用于电学仪器、控制设备，制造汞锅炉、汞泵、汞灯等各种各样的东西，利用率比古代大得多。

第二十章
落雁山和攀枝花的传说

传说，在茫茫青藏高原上，有一座奇怪的山峰，南来北往的大雁飞到这儿，常常会迷失方向，绕着山顶飞个不停。最后，飞得精疲力竭，就会从半空中落下来。住在这儿的藏族老乡不费吹灰之力，只消在地上拾大雁就行了。有人给这儿取了一个名字，叫作落雁山。

大雁在天上飞得好好的，怎么会迷失方向掉下来呢？

人们推测，如果这是真的，说不定这座山上藏着一个磁铁矿，因为受了强烈的磁力干扰，大雁才会迷航。

落雁山的故事太神奇了，不知是真是假。而在青藏高原的边缘，金沙江边的攀枝花，却有一个真实的故事。

攀枝花又名渡口。奔流在峡谷里的金沙江非常湍急，渡江很不容易。这里的水势比较平缓，历来就是四川和云南之间过渡的地方。传说诸葛亮南征孟获的时候，来到了这里，瞧见一片荒凉，无法补给，不能屯兵，遂下令撤退。由此可见当时这儿是怎样一个地方。

话虽然这样说，这毕竟也是古代"南方丝路"的一个重要渡

四川攀枝花钢铁冶炼厂

江地点。南来北往的马帮，以及一些过路的客人，为了生计不得不冒险在这里过江。一些从四川贩卖毛铁（古时指未经锤锻的熟铁）的挑夫们，常常就是在这里渡江到云南的。

请听，一个真实的故事就发生在这个偏僻的角落。

挑夫们挑着铁块，吭哧吭哧走到这里，忽然觉得肩头的担子变得沉重起来，似乎有人在下面用力拉扯，连步子也迈不开了。过了一个垭口，才慢慢恢复过来。他们猜想，准是地下藏着一个神仙，不让他们从这里经过把毛铁运到云南去。于是烧香祈祷，请求地下的神仙放行。烧了一炷又一炷香，磕了一个又一个头，可那神仙却丝毫也没有感动，依旧伸出看不见的手，紧紧拽住铁块，担子还是那么沉重。

人们禁不住会问："这是真的吗？"

当然是真的。

这怎么解释呢？难道世界上真有这样不讲道理的神仙不成？

世界上当然没有神仙。这个奇怪的现象，得要有一个科学解释。

1935 年，一个名叫常隆庆的青年地质学家，为了调查当时在云南发生的一场地震，正好经过这里。这个故事，引起了他的注意。早在这以前，他就知道在这个地方以北，即西昌和冕宁之间的泸沽，存在一个大磁铁矿。泸沽和攀枝花同在攀西大断裂带的南北两侧，地质构造一个样，挑夫们传出的这个富于神话色彩的故事，是不是表明这里也有同样的储量巨大的磁铁矿？

常隆庆不放过这件事，认真进行调查。经过他的不懈努力，终于在这儿发现了一个举世无双的大型钒钛磁铁矿，填补了我国乃至世界的空白。攀枝花一天天发展起来，成为一个重要的钢铁和能源基地。

攀钢，这个响亮的名字传遍了全世界。为了纪念这位功勋卓著的地质学家，在攀枝花市中心和常隆庆工作过的成都理工大学，竖立起了他的雕像。

《青年励志会会务纪闻》
上的常隆庆

钒钛磁铁矿

钒钛磁铁矿不仅含有铁，还有伴生的钒、钛、铬、钴、镍、铂族和钪等多种成分，可以用在航空、航天、舰船、冶金、化工、机械、电力、医疗器械等许多领域，有很高的综合利用价值。在攀枝花地区，用途广泛的二氧化钛的储量名列世界第一，五氧化二钒的储量名列全国第一、世界第三，都是非常罕见的珍贵矿产。

库尔斯克大铁矿的发现过程

早在十月革命前，人们就注意到位于俄罗斯西南部的库尔斯克，有一种奇怪的现象——所有的罗盘指针在这儿似乎被一种神秘力量控制，都像着魔了似的乱转，不再指向真正的南北方向。

有人猜测，这儿必定埋藏着一个巨大的磁铁矿，好像一块吸铁石似的吸引着罗盘的指针。他们悄悄绘制了一幅想象中的地下铁矿草图，梦想发一笔大财。十月革命粉碎了一切投机者的美梦，列宁断然拒绝了一个德国资本家以800万金卢布购买铁矿分布图的要求。他派遣一支地质工作队，到这个当时还是烽火弥漫的地区去勘查。1923年的春天，终于在162米深的地下钻孔里，找到了含有磁铁矿的石英岩。

库尔斯克大铁矿出世了。这里的磁铁矿储量，相当于当时全世界已知储量的总和。地下埋藏着这样一块巨大的吸铁石，难怪会使罗盘指针胡乱旋转。

同样的事情在其他地方也出现过。有人骑马经过一个地方，忽然马蹄沉得好像被什么东西吸住似的（马蹄上钉有蹄铁），走路非常吃力。经过仔细探查，原来地下埋藏着一个磁铁矿。

人们懂得了这个找矿方法，后来制造出磁力探矿仪，开着飞机在天上也能寻找磁铁矿了。

第二十一章
金羊毛和"黄金国"的传说

黄金，金光灿烂的黄金，好像磁石一样，紧紧吸引住了人们的心。从古至今，不管东方或西方，都有许多关于黄金的神奇传说。

古希腊神话中寻找金羊毛的故事，就是其中最古老，也最有名的一个。

据说在遥远的世界尽头，太阳升起的地方，有一个神秘的国度，那里生活着一种奇怪的金绵羊。它全身长满金色的羊毛，散发出灿烂的金光。

想一想，这种金羊毛多么名贵。别说一根根羊毛都是货真价实的黄金，就是用与众不同的纯金色羊毛织一件毛衣，那也够吸引眼球的呀！

为了寻找金羊毛，神话传说中的英雄乘船出海，战胜了种种困难，终于在遥远的黑海沿岸找到了它。

听了这个故事，人们不禁会问，这是真的吗？

有人说，当然是真的！这种长着金羊毛的绵羊，就在黑海的最东边，高加索的海岸边。

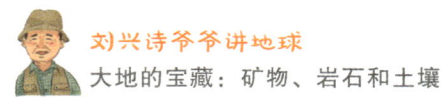
咦，这是怎么一回事？

有学问的白胡子老学究，考证来考证去，最后考证出来了——原来这儿有一些羊身上，沾满了亮灿灿的金砂，所以就传出了这个神秘兮兮的故事。

如果这是真的，人们不禁会问："那些金砂是从哪儿来的？"唯一的可能，就是附近有金矿。

地质学家出场了，对大家解释说："没有错，高加索的确出产黄金。"看来这不是无风起浪，似乎真有一些事实根据。

可是问题又来了。难道那儿的黄金多得数不清，遍地都是金砂吗？那样才能使一只只羊身上都沾满黄金。

哦，这不可能吧。如果真有那么多黄金，那还了得！我猜想，很可能有几只羊身上沾上了一些金砂，就被无限夸大，演变成了这个故事。

咱们中国有一条金沙江，因为可以淘金砂而得名。也没有听说有什么羊儿在金沙江边洗澡后，身上的毛就变成了金羊毛。神话就是神话，不能完全相信。

古时候，关于黄金的传说还有很多呢。我们在前面讲祖母绿的章节中，提到了"镀金人"和"黄金国"的故事，也是同样的神秘传说。

据说当地印第安人的首领，每当日出和日落的时候，就会在周身涂抹金粉，划着小船到一个名叫伊瓜苏的圣湖中，祭祀至高无上的太阳神。最后在晚霞的映照下，用湖水洗掉金粉。年复一年，湖底堆积了许多金粉，湖水也变得金光灿烂。这比金羊毛的神话晚得多，虽然夸大得使人难以完全相信，可也反映了当地出产黄金的事实。

这两个故事似乎都有确切的地质背景，却又太神秘了。请问，有千真万确的真实故事吗？

有呀！请再听一个印加帝国灭亡的故事吧。

南美洲的印加帝国盛产黄金，那里是一个不折不扣的"黄金国"，也是这个大陆古代文明的中心。

1531年，西班牙殖民者弗朗西斯科·皮萨罗率领一支武装到牙齿的军队，从中美洲的巴拿马基地出发，不怀好意地来到这里，要在这儿狠狠捞一把。好客的印加国王举行盛大仪式欢迎，却不料被皮萨罗抓住，关押在一间小屋里。皮萨罗举手在墙上画一条线，对蜂拥前来救助又担心伤害了国王的印第安人说："必须用黄金堆满这个屋子，堆得这样高，我才释放你们的国王。"

印第安人为了拯救国王，全国动员起来，真的送来那么多的黄金，指望赎回自己的国王。想不到蛮横的西班牙人，得到黄金后还是残杀了国王，最后用武力征服了这个古老的帝国。

印加帝国在哪儿？就是今天的秘鲁。请到秘鲁首都利马的黄金博物馆去参观，那儿保存着许多珍贵的黄金文物呢。

金和银

金、银都是贵重的金属，也是常见的金属。人们常常说金、银、铜、铁、锡，就表明了这个意思。

为什么金、银很贵重？说起来有几个原因。

首先，金、银很难开采，产量不是太多。俗话说，物以稀为贵嘛。

再则，即使找到了，也不容易提纯。加上它们的本色非常好看，一派金光灿烂、银光闪闪的，十分引人注目。和别的金属相比，显得非常高贵，大大抬高了身价。虽然白银容易变色，黄金却不容易腐蚀生锈，所以自古以来就被人们看重，或铸造为货币进行流通，或作为昂贵的装饰品，是最理想的保值之物。

不过，话又说回来，世间哪有那么多黄金、白银，可以用来大量流通？早在我国的西汉时期，人们就用铜来代替黄金了。后来人们干脆使用纸质的"金票"和"银票"代替稀罕的金银了。

金银不仅可以作为货币和漂亮的装饰品，它们的合金制品也有许多工业用途呢。

第二十二章
"愚人金"的笑话

请听，这是一个"愚人金"的故事。

哈哈哈！想不到世界上有开玩笑的"愚人节"，竟还有"愚人金"。请问，这也是开玩笑吗？

不，"愚人节"是给别人开玩笑，"愚人金"却是自己骗自己，自己给自己开玩笑，真傻呀！

如果你不信，请听这个故事吧。

据说，从前有一个老财主，整天逼迫长工们给他干活。有一天，他亲自上山去监视长工们，看他们是不是干活的时候偷懒。他路过一个山谷，突然发现遍地都是亮光闪闪的"金子"，他高兴得简直要发狂了。他连忙把"金子"大把大把地往口袋里塞，直到再也塞不下了，才跑回家把"金子"藏起来。

从这天开始，他不许长工们上山了，担心他们会偷"金子"，他要亲自去拾这些天赐的宝贝。他又害怕别人看见，就在每天夜晚像小偷似的悄悄摸黑上山，把一袋袋"金子"往家里搬。财主自以为发了大财，自己家里已经变成一个金库了，几辈子也用不完。

有了"钱"，就得用呀！有一天，他美滋滋地拿了一块"金子"，到金店里去兑换，想不到被别人赶了出来，说他是骗子，拿没有用的东西冒充黄金，差点儿挨一顿打。

咦，这是怎么一回事，难道他发现的不是真正的黄金吗？

难道不是吗？远看这些玩意儿金光灿烂，托在手里也沉甸甸的；近瞧一个个有棱有角的"金粒"，和黄金似乎一个样，实际上却压根儿不是黄金——原来这是不值钱的黄铁矿的矿砂，与真正的黄金八竿子也打不到一起。

哈哈哈！笑疼肚皮啦！

这是一个民间传说，不一定是真的。不过，古时候欧洲有一些炼金士，却真的一本正经地妄想用这种黄铁矿炼出黄金。事实上，这些亮闪闪的矿石里，一丁点儿黄金都没有，所有的功夫统统白

黄铁矿

费了。炼金士骗了支持他们的傻乎乎的国王，也骗了自己，真是一群大傻瓜。

黄铁矿不能提炼黄金，能用来炼铁吗？

也不成啊！别瞧它的名字里有一个"铁"字，却也提炼不出铁，它也不是真正的铁矿石。

噢，这可奇怪了。黄铁矿既不能炼金，又不能炼铁，还能干什么呢？

请仔细看看它的化学组成吧。原来它的主要成分是二硫化铁，可以用来生产硫黄和硫酸，却不能炼铁，更别指望从里面炼出一丁点儿黄金。

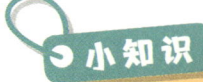

怎么区分黄铁矿和真正的黄金

这很简单，只需从它们的基本性质方面测试一下，就能分辨出来了。

首先看它们的比重。自然金的比重是 15.6 克 / 立方厘米 ~18.3 克 / 立方厘米，放在手上沉甸甸的。黄铁矿的比重只有 4.9 克 / 立方厘米 ~5.2 克 / 立方厘米，相对就轻得多了。

再看它们划出的条痕。在不带釉的白瓷板上一划，看一看划出的条痕颜色，也就是留在白瓷板上的粉末，二者是大不一样的。自然金的条痕是金黄色，黄铁矿的条痕是绿黑色，泾渭分明。

还有一个办法，把它们放进硝酸里泡一下，黄铁矿会冒气泡，真正的黄金却不会冒气泡。

第二十三章

啊，"锡瘟"

人群中以及动物之间，有时会流行可怕的瘟疫。植物也会害瘟，稻瘟病不就是一个例子吗？

动植物同属于生物圈，发生瘟病不稀罕。那么，金属也会害瘟吗？

信不信由你，没有生命的金属真的也会发生莫名其妙的瘟病。

为了说明这个情况，请看一个例子。

俄国旧时的京城圣彼得堡是有名的"北方之都"，地处北纬近60度，离北极圈不远，气候非常寒冷。有一年的冬天特别冷，气温达到了 $-38℃$，人们冷得简直没法出门了。想不到就在这个时候，发生了一件怪事。人们发现海军仓库里的许多锡块一夜之间突然不见踪影。这可是帝国财产，不是一件小事。守仓库的人一时吓坏了，不知道该怎么办才好。

莫非这儿发生了盗窃案？

不可能啊！这里是军事仓库，安保十分严密。库房门关闭得紧紧的，外面有卫兵看守，盗贼怎么可能溜进去呢？再说了，锡锭非常沉重，要搬动这么多的锡块，也不可能没有一点动静呀！

人们定下神来一看，不由得瞪大了眼睛。只见原先堆放锡块的地方，留下许多像泥土一样的灰色粉末。原来储藏的锡块没有被盗，而是不知什么原因变成了微细的粉末。

在这个寒冷的冬天里，这不是唯一的一件怪事。另一件怪事是，从被服仓库取出的军大衣上几乎所有的纽扣都不见了，变成了灰色的粉末，士兵们没法穿了。

同样的案例发生在莫斯科。

1812 年冬天，由于不可抗拒的严寒的影响，进攻俄国的拿破仑大军被迫从莫斯科撤退。在饥寒交迫下，无数士兵在沿途被活活冻死，60 万大军最后只剩下两三万人。事后人们研究失败的原因之一，竟出在军服上那小小的锡制纽扣上。这些锡制纽扣在寒冷的气候条件下发生化学反应，统统变成了粉末。无法系好军服

1812 年拿破仑大军撤离莫斯科

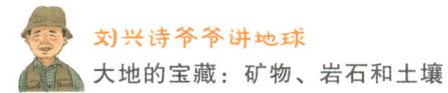
的法军士兵敞露着胸怀，不得不抢掠平民服装，甚至披上女人的斗篷或地毯御寒。拿破仑大军最终被严酷的俄国冬天打败，身经百战的士兵在风雪中一个个倒了下去。

这种事在南极大陆也发生过。

1912 年，英国探险家斯科特率领一支探险队胜利到达了南极点，却不幸在返程中全队覆没，没有一个人幸存。人们不明白，为了这次远征，他们做好了充分的准备，携带了大量给养，还在沿途设置了一个个储藏库，储存了许多御寒、照明的煤油，怎么会遭遇这样的结果呢？事后检查，原来铁制煤油桶的接缝是用锡焊的，极度低温使锡发生变化，铁桶缝上的锡变成粉末，里面的煤油就全部漏光了，这怎么还能取暖、煮东西吃呢？

锡在低温下的这种反应，就是可怕的"锡瘟"。

云母共生锡矿石

小卡片

锡

　　锡是一种常见的金属。早在遥远的古代，人们就发现了它，并开始大量使用锡，一些古墓中发掘出形形色色的锡器，使用非常普遍。我们常常说的金、银、铜、铁、锡，所谓"五金"，就包括它在内。

　　银光闪闪的锡是一种柔软的金属，很容易弯曲，没有毒，可以用来制作锡壶、锡碗、锡杯、锡勺等餐具及其他各种各样的产品。它在常温下具有延展性，用锡箔包装物品，可以保鲜防潮，保证清洁无毒。

　　锡的化学性质十分稳定，不与水、酸类和碱类发生化学反应，可做成锡管和锡箔，应用于食品工业上。锡箔常用于包装糖果和香烟，既防潮又好看。还能用来制造镀锡的铁皮，能够抗腐蚀、防毒。它还能和其他金属一起制造出各种各样的合金，在军工、仪表、电器方面用途广泛。早些时候印刷厂里的铅活字，也是铅与锡的合金。

你知道吗？

怎么治理"锡瘟"

　　"锡瘟"这么可怕，难道就没有对付的办法吗？科学家经过仔细研究，终于找出了原因。原来这是在低温下，锡的结晶形态发生变化所造成的。

　　现在科学家已经找到了一种预防"锡瘟"的"注射剂"，其中一种就是铋。铋原子中有多余的电子可供锡的结晶重新排列，使锡的状态稳定，所以消除了"锡瘟"。

第二十四章

关于石油

石油，这个名字听着很有趣。这不是花生油、大豆油、菜籽油那样的植物油，也不是猪油、牛油、深海鱼油一样的动物油。字面意思说得明明白白，这就是石头里的油。

哈哈哈！石头也会冒出油吗？来几根石油炸的油条怎么样，你敢吃吗？

得了，别胡搅蛮缠了。咱们在这儿说的是飞机、汽车用的石油，不是胡同口炸油条的那种油。

在科学技术发达的今天，要说石油不存在，只能糊弄山顶洞人，要想忽悠现代人那可不成。请问，现今谁不知道石油？有一次我乘飞机出行，飞机将要起飞的时候，前排一个两三岁小女孩指着机场里一排排飞机说："这些飞机还没有加油，加了油就跟着我们一起飞了。"

瞧，小孩子也了解石油，知道它可以带动飞机起飞。今天是石油的时代，谁不知道石油的重要性，可真的是山顶洞人。

石油是怎么被发现的？问咱们的老祖宗吧。

《易经》里有一句话说："泽中有火。"

仔细琢磨这句话，说的是湖面着了火。俗语道，水火不相容。又有一句话说，水能克火。水汪汪的湖水表面，怎么可能冒出火呢？合理的解释只有一个，那就是水面有石油燃烧。

另一本唐代段成式写的《酉阳杂俎》说得更清楚。他说："石漆，高奴县石脂水。水腻，浮水上如漆。采以膏车及燃灯。"

我们看这一段记载：这儿的水很"腻"，就是油腻腻的。水面上漂浮了一层好像油漆一样的东西。舀出来可以膏车或点灯。这个玩意儿叫作石漆。

想一想，这是什么东西？岂不就是石油吗？

克拉玛依黑油山

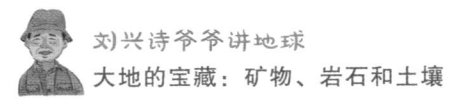

延州的高奴县，在今天延安东边，本来就是出产石油的地方，出现这种现象一点也不奇怪。

宋元时代有名的学者马端临，在《文献通考》中记载"晋穆帝升平元年（公元357年），凉州城东池中有火"，也说的是同样的现象。

杨慎在《丹铅总录》中说："火井在蜀之临邛，今嘉定、犍为有之。其泉皆油，蒸之燃。人取为灯烛。"

由此可见，我们的老祖宗早就发现了石油，证明它可以燃烧。只不过当时不叫这个名字，而是叫作石脂、石漆。"脂"和"漆"，都清楚表明了石油的特点。当时高奴县那个石脂水，就是石油河。

石油在古时候不仅可以用以点灯和生产，还有许多用途，甚至应用在军事方面。

唐代的《元和郡县志》中，有一段非常有趣的记载。据说在南北朝时期，北周武帝在位期间，"突厥围酒泉，取此脂燃火，焚其攻具……酒泉赖以获济"。

北宋一本《吴越备史》，讲述五代十国的后梁末帝贞明五年（公元919年）的一场战斗，"文穆王与淮人战……纵火油焚之……火油得之海南大食国"。

从这两段记载看，石油如同今天的火焰喷射器一样，用来焚烧敌人，是一种非常厉害的武器。

既然这样，就得大量储存。南宋一本《昨梦录》介绍："西北边城防城库，皆掘地作大池，纵横丈余，以蓄猛火油。"这岂不就是今天那些储存原油和成品油的油库吗？只不过形式不一样罢了。请注意其中的"边城""防""库""皆"等字词，表明了石油当时是用来作为一种特殊边防武器的，只不过没有用于飞机、坦克和各种各样的军用车辆而已。在世界上，咱们中国可以算是最早在军事上使用石油的国家了。

这么多的石油是从哪儿来的？除了国内出产的，还有海外的大食国。大食国就是当时的阿拉伯和伊朗。由此可见，当时已经应该有一条海上石油运输线，从西亚一直通往东方。

在我们的历史典籍中，这样的类似记载还有很多很多，一下子也说不完。仔细归纳一下发现石油的地点，除了陕北，还有河西走廊、河北平原中部、河南中部和北部、山西西南部、湖南南部、广东北部，以及四川、浙江、福建、台湾等地，这些区域都有石油的影子。20世纪初期，有些外国学者说什么"中国贫油"，请他们好好到中国来读书，仔细看一看这些珍贵的历史资料吧。

瞧，咱们的老祖宗早就认识石油了，只不过当时不叫这个名字。直到北宋时期，大科学家沈括才正式给它取名叫作石油。

他在《梦溪笔谈》中有一段话是这样说的："盖石油至多，生于地中无穷，不若松木有时而竭。今齐、鲁间松林尽矣，渐至太行、京西、江南，松山大半皆童矣。"

请看，他不仅首先提出了石油这个名字，还认为石油在地下无穷无尽，比树木多得多，意义更加重大。上千年前古人能够有这样的认识，真了不起！

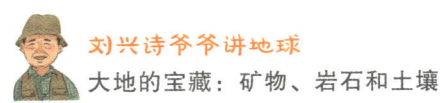

石油的生成原因

石油是怎么生成的？古人也有一些说法。

《昨梦录》的作者康与之猜测说："日初出之时，因盛夏日力烘，石极热则出液，他物遇之，即为火。"

沈括认为它"生于水际，沙石与泉水相杂，惘惘而出"，就是说石油产生在水边，与沙石和泉水混杂在一起，是慢慢流出来的。石油到底是怎么产生的，他也没有说清楚。

现代地质学家解释说，石油是远古时期海洋或者湖泊里的生物，经过漫长的地质时代，逐渐演化而成的。因此，有海相环境中生成的石油，相应地也有陆相石油。

第二十五章
诸葛亮、"手气筒"和别的奇闻

　　中国的古代典籍浩如烟海，特别是过去各地的历代方志，十分注重记载一些特殊自然现象，这成为一种可贵的传统。北京大学图书馆里就有全国各地的许多方志，我上学和执教时，特别喜欢阅读这些"闲书"。其实闲书不闲，里面蕴藏了许多有用的知识，需要沙里淘金逐渐积累，以后总有用处的。否则就如古人所说，书到用时方恨少了。

　　1957年夏天，我奉命考察华北平原。出发前查阅当地县志，惊奇地发现河北盐山县和山东无棣县境内，分别有大山、小山等两座石头山。这里是一马平川的大平原，怎么可能有石头山？于是我专门前往调查。结果发现这是两座玄武岩火山丘。这事前人没有报道过，算是一个新发现。这就是中国特有的地方志的优势，可要好好爱护、好好尊重老祖宗留下来的这种特殊文化遗产才对。

　　我在这里说了一段闲话，再回过头来谈实际问题。

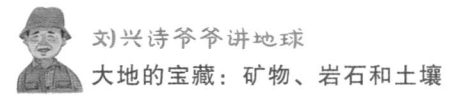
前面讲述石油的时候，介绍了一些"地下冒火"的古代文献记载。这样的材料还有很多很多，都是石油引起的吗？可不一定。仔细分析一些材料，其中有的材料所说的非常明显就是天然气。

请跟随我，一起去阅读一些古书吧。

在唐代宋居白写的《幸蜀记》中，有一段值得注意的记录："汉川什邡井中有火龙，腾空而去。"这会是什么腾空的火龙？非常明显就是天然气。什邡位于成都平原西北部，通过现代地质调查，本身就有天然气分布。

前面说过的宋元时期学者马端临在《文献通考》中，也有关于天然气的生动描述："泸州盐井竭，遣工入视。忽有声如雷，火焰突出，工被伤。"

这不是一件非常明显的工伤事故吗？井下天然气爆炸，下井工人受伤。从描述情况看，似乎当时立刻就施行了急救。否则"入视"的这个工人就不是"伤"，而是"亡"了。天然气爆炸非常危险，这一段记述从另一个侧面反映了当时的井下急救技术还是很有水平的。

现在四川盆地内，已经发现了丰富的天然气，它是我国一个非常重要的天然气生产地区，以泸州为中心的川南气田就是其中之一。我曾经不止一次前往那里考察，证实七百多年前的马端临没有说错。

四川是世界上最先使用天然气的地方，比在 1668 年最早使用天然气的英国，至少早 1600 多年。说得更加具体些，不是川南的泸州，也不是今天大名鼎鼎的川中气田，而是成都附近的临邛，也就是今天的邛崃。早在秦始皇、汉武帝的时候，这儿就开发了天然气。

西汉文学家扬雄在《蜀王本纪》中记载："临邛有火井一所，纵广五尺……井上煮盐。"在《蜀都赋》里，他也强调了"火井"这回事。他是成都人，又是知识渊博、治学严谨的大学者，所记录的事就发生在他的时代和身边，应该是可以相信的。

晋代常璩编著的《华阳国志》是研究四川地区的权威著作，其中关于天然气的记载更加丰富。

请看下面一大段记载：

"临邛有火井，夜时光映上昭。民欲其火．先以家火投之，顷许，如雷声，火焰出，通耀数十里。以竹筒盛其光以藏之，可拽行终日不灭也。井有二，一燥一水。取井火煮之，一斛水得五斗盐；家火煮之，得无几也。有古石山，有石矿，大如蒜子。火烧合之，成流支铁，甚刚。因置铁官，有铁祖庙祠。汉文帝时，以铁铜赐侍郎邓通。通假民卓王孙，岁取千匹。故王孙累巨万，邓通钱亦尽天下。"

这段记载告诉我们几件事。

首先，这儿有一种特殊的火井，晚上有火光。

当地人要用火非常方便，只需抛下火，就能立刻点燃井里的天然气。轰的一声爆炸，火光照耀几十里。

这里的火井非常有名气。晋代干脆把这里改名叫作火井县，直到今天还有一个火井镇，保留了古代天然气开发的遗迹呢。

火井有什么用处？

用来熬盐、炼铁呀！

值得注意，其中还讲了两件事。

由于天然气有这些用途，当时就在这儿设置了专门管理炼铁的铁官，还建立了铁祖庙。

井火煮盐

　　皇帝把这件事交给一个名叫邓通的官员来管理，邓通又交给了卓王孙去办。这个卓王孙原本是赵国的贵族，秦国统一后被流放，他带着女儿卓文君和一大家子人，被迫迁移到了临邛。邓通让他来办这件事，他利用天然气炼铁，很快就成为大富翁，是世界上最早开发天然气的企业家。不过也暴露了邓通和他的不正常关系，是不折不扣的官商勾结腐败现象。

　　《华阳国志》的这一段记载还讲到一个有趣的发明。人们把天然气装进竹筒里，点燃了就能照亮身边。晚上拿着它走夜路，它就是最好的照明工具。

　　啊，这岂不和"手电筒"一模一样吗？让我们给这个"手电筒"的鼻祖取一个名字，叫它"手气筒"吧。如果今天照样做一个，一定非常好玩。

在别的几本古书中，还记下了一个和天然气有关的著名历史人物。

他是谁？就是诸葛亮呀！

请看当时的记载："临邛火井，诸葛亮往视后，火转盛。以盆著井上，煮之得盐。后人以家烛火投井中，火即灭。迄今不复燃也。"

《初学记》引用别的材料也说："临邛县有火井。汉室之盛则赫炽，桓灵之际火势渐微。诸葛孔明一窥而更盛。"

这件事在《太平御览》《太平广记》《异苑》中都有记载。

从法律意义来说，一本书是孤证。如果许多书中都这样说，似乎就应该认真考虑了。

这个记载是说，临邛这儿的火井在汉朝强盛的时候，很不错。到了东汉末年桓帝、灵帝的时候，就一天不如一天了。到了三国时期，诸葛亮去前往视察，火势又旺盛起来，可以用盆子放在"火井"的井口熬盐。可惜过了不久，诸葛亮死后，没有人再管这儿的天然气生产，这儿就一天天走下坡路，后来要想点燃天然气也不行了。

1985 年，我应聘担任邛崃县（今邛崃市）的旅游资源开发顾问，跑遍了这儿的所有角落，最后发现、开发了一个天台山风景区。碰到一件事，不由得深深叹一口气。

唉、唉、唉……

世界上的事情，往往都在唉的一声后面变了样。

就在天台山旁边，一个叫高何的地方，那里有一座南宋时期的宝塔，修建得非常漂亮。仔细调查造这个塔的原因，原来当时有一股天然气冒出来，伤害了当地的庄稼。人们居然以为这是"妖气"，专门修建了一座宝塔镇压它，不让天然气冒出来。请问，

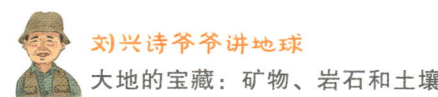
是天然气重要，还是山坡上的几棵庄稼重要？用这种办法镇压"妖气"，实际上是镇压了科学。人怎么越活越不如老祖宗？迷信吞噬了科学，实在太愚昧了！

唉，要是那时候诸葛亮还在，多好呀！

天然气

天然气是蕴藏在地下的一种可燃性气体，常常与石油、煤层等有关系，是现代工业和居民生活的重要燃料，广泛应用在化工等许多领域。

天然气净化厂

你知道吗?

我国的天然气

我国西部地区的塔里木、准噶尔、柴达木、四川四大盆地，加上黄土高原上的陕甘宁地区，全都蕴藏着丰富的天然气。东部沿海地区是使用天然气的"大户"，尽管当地也有天然气，却远远不能满足日益增加的需求。为了解决这种区域不平衡的现象，2000年国家启动了"西气东输"工程。即从新疆塔里木盆地的轮南油气田，铺设两条直径为1.5米的大口径输气管道，向东经过河西走廊、关中平原，以及河南、安徽、江苏等省，直达东海之滨的上海。

小知识

"气宝盆" 四川

在四川盆地这个聚宝盆里，几乎处处都有丰富的天然气储藏。历史上常常发生天然气泄漏的事件，当时不明真相的人在古书上记载"妖气外泄"，还有的说是"火龙升天"。在一些古人眼中，居然以为这不是好事情。不管是"妖气"还是"火龙"，其实都是天然气活动的现象。地下的天然气多得堵也堵不住，从各种各样的缝隙和孔洞里冒出来，不熊熊燃烧起来才是怪事了。

油和气常常共生在一起，有石油的地方都有天然气。一些地方以石油为主，一些地方以天然气为主。四川就是后一种情况，

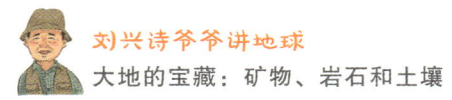
天然气的储量比石油多得多。祖籍就是四川的黄汲清和其他老一辈的地质学家早就说过，四川盆地里的天然气非常丰富。新一代的地质工作者经过详细踏勘，接连不断在盆地内发现了一个个巨大的天然气田。这些气田遍地开花，使四川盆地成为一个名副其实的"气宝盆"，四川省简直就是一个"火井省"。

为什么四川盆地的天然气特别多？这和这里的地质历史有关系。别瞧今天四川盆地地处内陆，距离海洋遥远，远古时期这里却是一片广阔的内海。海洋历史结束后，还有一段漫长的湖光渺渺的岁月。无论是海洋还是湖泊环境，都是生成石油、天然气的绝佳温床。这里堆积的海相和陆相岩层很厚，从几亿年前的古生代到几千万年前的中生代的岩层里，都蕴藏着丰富的油气资源。其中天然气资源特别丰富，说它是"气宝盆"一点也不错。

第二十六章
煤啊煤

  我们在前面讲述了许多源于石油、天然气的地下冒火事件。那么，除了这两个原因，还有别的情况吗？

  有的！如果你不信，有书为证。

  还是那本马端临老先生写的《文献通考》中，有一段值得注意的记录。书中说："汉成帝河平四年（公元前 25 年）六月，山阳火生石中。改元为阳朔。"

  "阳"在这儿的意思是山的南边。山阳就是今天的河南省修武县，因位于太行山南面而得名，位置说得清清楚楚的。

  看样子，这是一次地下煤燃烧，地面冒出了熊熊火焰。这里距离著名的焦作煤矿只有几十公里，地下有煤一点也不奇怪。可能情况很严重，惊动了当时的皇帝，才把年号河平改为阳朔。年号是一国的大事，如果情况不严重，会引起皇帝重视，慌里慌张更改吗？

  古时候的皇帝非常迷信，把一切灾难都当成是老天爷的警告。可又爱面子，不能明说是坏事。拍马屁的大臣们就挖空心思，胡

煤

诌了这么一个好听的词儿，让皇帝改换年号应付老天爷，也欺骗老百姓，稀里糊涂掩盖过去了。

元代历史学家脱脱编写的《宋史·五行志》中，也有一段记录。记述北宋真宗时期"大中祥符四年（公元 1011 年）二月己未，河中府宝鼎县濮泉有光，如烛焰四五炬，其声如雷"。

这说的就是今天山西省南部的万荣县荣河镇。山西遍地是煤，很可能这也是地下煤燃烧。

古书说完了，说一说我自己的经历吧。

1953 年，我们到山西大同煤矿考察，来到七峰山矿区。只见山上地面的岩石裂隙中冒出一股股烟雾，石头也被烤烫了。我把随身带的冷馒头放在上面，不一会儿就烤热了。

咦，这是怎么一回事？

原来，这是 1945 年抗战胜利，日本人投降的时候不甘心失败，临走在地下矿井里放了一把火造成的。火势越来越大，人们没法控制，就一直烧到了我们看见的时候。大同煤质量特别好，那里的煤层也特别厚。日本人在好几条巷道同时点火，一烧就是一大片，一时很难灭火。就这样从 1945 年开始，整整烧了这么多年。后来好不容易采取周围隔断的办法，才渐渐熄灭了这一股罪恶的地下火。

当时手摸着脚下滚烫的石头，眼看着石头缝里冒出的丝丝烟雾，我们气愤得咬牙切齿。

煤啊煤，黑色的乌金，咱们的老祖宗早就发现并利用它了，自古以来它就是人们生活的好帮手。

考古学家报告，辽宁新乐古文化遗址中，就发现了煤制的工艺品。河南省巩义市也发现了西汉时期使用煤饼炼铁的遗址。

《山海经》中把煤叫作石涅，魏、晋时期叫作石墨、石炭。明代李时珍的《本草纲目》首先用了煤这个名称。

明代爱国英雄于谦，有一首《咏煤炭》的诗，曾经被选入初中课本，诗中又把它称赞为乌金了：

> 凿开混沌得乌金，藏蓄阳和意最深。
> 爝火燃回春浩浩，洪炉照破夜沉沉。
> 鼎彝元赖生成力，铁石犹存死后心。
> 但愿苍生俱饱暖，不辞辛苦出山林。

仔细读一读，这首诗不仅表明了他自己的抱负，也把煤的生成情况和用途说了个大概。实际上，煤是埋在地下的古代植物经过漫长的地质时期，在长期和空气隔绝以及高温高压的情况下，经过一系列复杂的物理、化学变化过程，逐渐发展形成的可燃性矿床。根据它的成分、质量和用途，可分为无烟煤、烟煤、褐煤三大类。

山西大同煤矿博物馆里的煤矿雕塑

小卡片

泥 炭

泥炭又被叫作草炭，或者泥煤。这是一种在沼泽中生成的最低级的煤。

什么是最低级？就是煤化程度最低，其中有的腐烂植物还没有完全分解。泥炭是经过上面堆积层的压力以及细菌作用，逐渐生成的。

请别小看了它，这是很好的有机肥料，也可以作为发电的燃料。可以提取其中的一些成分，供给化工、酿酒、医药等许多行业呢。

第二十七章
盐是从哪儿来的

喂，朋友们，让我们来做一道算术题。用最简单的减法，减去生活中最必需的东西。

请听着，我开始出题啦！

请问，人们的日常生活中，什么少不了？

呵呵，这还不明白吗？古人说，油、盐、柴、米、酱、醋、茶。

接着再问你，这七种生活必需品里，什么可以不要？

想一想，酱、醋、茶似乎也能少。南方人不用大饼蘸面酱，不是山西人不用喝醋，不是成都人不必泡茶馆。现在已经用上天然气，也不用烧柴火了。再说呢，人人爱护森林，还能上山砍柴吗？那可是犯罪呀！这四种也可以免掉。

哼哼，话说到这里，猛然想起一个问题。制定这个标准的古人，肯定是山西太原府，或者附近别的州县村镇，住在黄土窑洞里的白胡子老学究，才酱呀醋地念叨个不停。如果叫广东人来，首先就会去掉这个酱和醋。广式早茶喝茶只是个借口，主要是喝粥、吃点心，在广东馆子里烧柴火，岂不笑死人？按照广东的办法，再加几种北方人想也想不到的东西，来一个别出心裁的"广七样"，请大家遵照执行吧。北方的父老乡亲们，你们心甘情愿吗？

俗话说，众口难调呀！

得了，别说废话了，接着再做这道算术题吧。

盐

再问你，剩下还有三种。再按重要性排一排顺序，还能减掉什么呢？

哦，吃面就不用大米，吃西餐也用不了多少油。油和米也不是最最需要的。这么东减西减，最后只剩下了盐。医生警告说，这可是绝对不能减少的了。

为什么？因为盐是组成生命的元素。没有酱和醋不会生病，但如果缺了盐，情况就不妙了。

为什么？因为盐是最奇妙的调味品。我们实在难以想象，如果没有盐，菜肴是什么滋味，生活将会是什么样子。

哦，现在我们可以下一个结论了：油、盐、柴、米、酱、醋、茶中，盐是最最少不了的东西。

盐是从哪儿来的？

孩子们会说，它是大海爷爷送给人们的礼物呀！

海水晒干了，就留下一颗颗亮晶晶的盐粒。我们的祖先早就学会了利用海水晒盐，在海边开辟了一个个盐田。天津旁边的长芦盐场，就是其中最有名的一个。在盐场里，一片片盐田里灌满海水，在火辣辣的太阳下面晒干了，就留下一颗颗亮晶晶的盐粒，办法就这么简单。

我在山东的黄河入海口，也见过同样的盐场。

哇！白花花、亮晶晶的盐粒，铺满地、堆成山。在一马平川的平原上，老远就能望见。不知内情的人，没准儿还会纳闷，这儿哪来一座座小小的冰山呀？

瞧呀！它真的像冰一样晶亮，在阳光下闪烁着银色的亮光，点缀着海边平淡单调的风景，好看极了！旅行社干吗不开辟一条观光线路呢？保证客源滚滚，还普及了科学知识，真是一举两得。

盐还能从哪儿来？

信不信由你，和大海八竿子也打不着的内地，也是盐的重要产地。如果这里气候特别干旱，含盐的湖水晒干了，同样也能生成盐。

不信，请到柴达木盆地的察尔汗盐湖去看看吧。

察尔汗盐湖

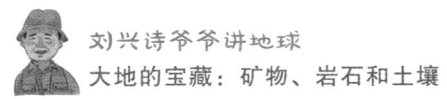
这是有名的"盐湖之王"，距离格尔木市不远，蕴藏的宝贵盐类资源特别丰富。

有趣的是，它的名字里虽然有一个"湖"字，却没有常见的湖水，也不能划船钓鱼。放眼一看，湖面覆盖着灰褐色的盐盖子，好像是结冰的北冰洋风光。

放心大胆在上面走吧，这个盐盖子很厚、很结实，绝对不会陷落下去。不仅人和牲口可以行走，人们还在上面修造了公路、铁路，可以行驶汽车、火车，甚至修建了一个飞机场呢。

在盐盖子下面，藏着浓浓的盐卤水，可以提炼许多有用的元素。人们因此在附近修建起了钾肥厂和化工厂。

还有呢！

我们脚下的岩层里也有盐。前文所述的四川盆地里，多处都有石油、天然气，是世界闻名的"油气盆地"，那里也蕴藏着丰富的岩盐，还是一个"盐盆地"。我们在前面说过的邛崃和有名的"盐都"自贡，就是最好的例子。

很早很早以前，古代巴蜀时期，人们就在成都平原附近的邛崃一带，发现了"咸泉"和"咸石"，开采了食盐。秦灭巴蜀以后，李冰在邛崃开凿了第一口盐井，那里成为一个产盐的中心。随着后来的发现，盐的生产中心逐渐转移到盆地中部的自贡一带，开采技术也逐渐提高。从最早的挖井转变为凿井，提取地下更深地方的盐。

请别小看一个"挖"字到"凿"字的变化，这可是盐业生产技术思想的大转变。北宋仁宗庆历元年（公元 1041 年），人们终于想出了好办法，用坚硬的器物往下不断冲击，就可以在岩石上凿出一个小孔，源源不断汲取地下深处的盐卤了。

四川自贡燊海井

请你牢牢记住这个方法叫作"冲击式顿凿钻井法"，所开凿的井孔叫作"卓筒井"，这是当时最先进的技术。掌握了这个方法，盐井越钻越深。到了清朝道光十五年（公元 1835 年），开凿出人类有史以来的第一口超千米的深井，井深达到 1001.42 米，既产盐卤，又产天然气，取名叫作"燊海井"。国人这种钻井技术，在当时无疑是世界一流的。

你知道吗？

中国的"死海"

西亚有一个死海，盐分很浓很浓，人可以舒舒服服躺在水上，绝对不会沉下去。信不信由你，四川盆地中部的大英县，也有一个"中国死海"。躺在这"死海"的水面上可以打盹儿、看报纸、自由自在随意漂浮，和在西亚死海一模一样，惬意极了。

咦，这是怎么一回事？原来这里是有名的岩盐产区，人们把地下盐卤水引出来，灌满一个足球场大的凹坑，形成一个盐湖。由于盐卤水的比重比人体比重大得多，我们就可以在水上漂浮了。

第二十八章
植物、动物报矿员

先说植物报矿吧。

植物是欣欣向荣的生物，矿物是硬邦邦的石头或金属。我们的老祖宗自古以来就分出了金、木、水、火、土五大要素。金和木二者似乎风马牛不相及，植物和矿产有什么关系？

信不信由你，它们还真有关系呢！有些不会说话的植物，也能默默向人们报矿。

那么，"木"怎么能反映"金"的秘密？一个是有机物，一个是无机物，中间有何联系？

说来道理也简单，这是通过"土"转化的。"金"风化为"土"，"木"从"土"中吸取了营养，"金"和"木"不也就相互转化了吗？

啊！老祖宗的金、木、水、火、土五行学说真了不起，既纲举目张，在世间万物中归纳出了金、木、水、火、土五大类，又可以相互转化，真是奥妙无穷。

植物怎么报矿？铜草就是一个例子。

铜草又叫海洲香薷，古人早就发现了它和铜矿有关系。人们说"牙刷草，开紫花，哪里有铜，哪里就有它"，就是这么一回事。

为什么铜草能够和铜矿扯上关系？因为它的根系能吸附土壤中铜的成分，只要见着它，就能基本判定地下有铜分布了。聪明的地质工作者抓住它的这个特性，发现了不少大大小小的铜矿。

铜是有用的金属元素，但也会污染土壤。利用铜草吸取铜的特性，还可以利用它吸出分散在土壤里有害的铜成分，是一种新奇的环保植物呢。

作为报矿的指示植物，还有其他一些种类，古人早有论述。《管子·地数》中就明白写着："山上有赭者，其下有铁；上有铅者，其下有银。"南朝梁成书的《地镜图》中，有"草茎赤秀，下有铅""草茎黄秀，下有铜""山有葱，下有银"的描写。唐代段成式的《酉阳杂俎》也有"山上有葱，下有银；山上有薤，下有金"的记述。这些话一看就明白，不用过多解释，表明我国自古以来就对植物报矿进行观察和应用了。

除了植物报矿，有的动物活动，也能让人有意外的发现。

1869年3月，南非的一个黑人牧童赶着羊群在河边吃草，无意中瞧见羊蹄从泥土里翻出一块闪光的小石头，后来知道这是一颗纯净的金刚石，有83.5克拉重。一个珠宝商知道了消息，赶在别人的前面，用500只肥羊、10头牛和1匹快马，和孩子的父亲交易，换到自己手中。他漫天要价，以11200英镑的高价卖给了莱宁兄弟公司。这个公司也不是傻瓜，转手就以25000英镑的价格卖给鲁德林伯爵。后来经过仔细加工打磨，终于将它制成了著名的"南非之星"（又名卡利南一号）钻石。尽管它的

卡利南一号至九号

重量被磨掉了将近一半，只有 47.75 克拉，却变得精美绝伦更加贵重，成为屈指可数的世界名钻之一。

1971 年，广西巴马瑶族自治县一个农民，宰杀自家养的鸭子，在鸭子的嗉囊里，意外发现了一些金粒。再杀一只鸭子照样有，这引起了全村轰动。后来，他从所有的鸭子体内，都找到了同样的金粒。消息传开，人们想金粒必定是鸭子经常寻找食物的一条小溪冲带来的。顺着这条溪流搜寻，终于在上游发现了一个金矿。这也是地质工作者常常使用的方法——只要在河滩上或者河床中发现一块矿石，沿河追溯一般能够找到它的母矿。

小知识

找矿方法

找矿的方法很多，除了上面说的利用动植物的方法，以下的手段更为常用。

最普遍也最重要的是地质勘查的方法。如注意发现一些矿物的露头、特殊的地层和地质构造等，都是可靠的找矿线索。

以一些特殊的地层来说吧。例如二叠系的乐平煤系、侏罗系的香溪煤系，都是富含煤资源的重要地层。只要发现它们，找矿就有很大的把握了。

地球物理和地球化学找矿法也是常用的方法。应用这两种方法发现一些标志异常的区域，进一步勘探，也可能找到可以开发的矿点或矿区。

第二十九章

三星堆铜、金、玉
来源大辩论

　　成都附近著名的三星堆和金沙遗址，存有丰富的青铜器、玉器和金器，制作十分精美。这些器物的原料究竟从哪里来的？当地考古学界一直有一个结论性的说法，认为铜来自云南，玉石和金来自接近云南的凉山地区与金沙江流域。甚至还有人说，玉石来自新疆和田。和田玉天下闻名，还有什么好说的？

　　这些话乍一听，似乎都有道理，仔细一想问题就很多了。

　　是的，上述地方固然都是著名产地，但与这儿远隔千山万水，在生产条件落后的古蜀时期，人们采用什么方式把大量铜矿石或制成品运送过来？再说，云南一个著名大铜矿开采于较近的历史时期，而三四千年前的古蜀，怎么可能提前从这里采掘铜矿石？相距几千里的古代蜀族先民，又怎么知道那些地方有这些原料，非要到那么遥远的地方去开采不可？

　　这两个古蜀文明遗址的器物原料究竟是从哪儿来的？我认为来

四川省三星堆遗址

自附近龙门山中的一个矿区，即今天彭州的大宝铜矿。这里和三星堆相距只有几十公里，有一条河相连通，联系非常方便。更加值得注意的是，大宝铜矿就位于古代蜀族一位祖先柏灌史诗般翻过龙门山，进入成都平原的路线上。这里有几十处大大小小的矿点，密密麻麻散布在当时柏灌必经的路边，是一个露头密集型的矿区。

请别以为原始时期的人不认识它。铜矿石的地表露头是色彩鲜艳的孔雀石，经过这里的人不可能不会发现。

这还不算呢。打开矿产图看，我们勘查出好几大片铅锌矿的异常区，面积十分广阔，几乎遍布这儿的整个山区。铅锌往往和铜共生，也有不少铜的成分。

含金的石英脉穿插在岩层间也多得是，到处可以淘沙金，巨大的"狗头金"被发现的事例也层出不穷。这里出产玉石的变质岩呈大面积分布，更加值得一提的是，玉石种类也和三星堆的玉器完全一样，基本上都是相同的蛇纹石玉。

请问，古蜀先民需要玉和金，何必舍近求远，千里迢迢到新疆和田和金沙江畔运回来呢？何况当时用量不大，这里的铜、金、玉储量供给原始先民制造少量的器皿，完全绰绰有余。而且，最近三星堆又发现了原始河滨码头的遗迹。所有的一切都表明，古代蜀族从这里采掘了铜、金、玉的原料，用船或者木筏装载顺流而下，到达三星堆是顺理成章的事情。

再说了，在研究古蜀文明最权威的古籍《华阳国志》中，还有"鱼凫田于湔山"的记载。鱼凫是古蜀族首领，统治区域包括三星堆地区，"田"就是田猎的意思。湔山是龙门山中湔江流过的一片区域。湔江就是从大宝铜矿流到三星堆的那条河。

还需要说的是，这个矿区的发掘历史很早，有史以来一直在开采。近代进行了工业性开发，丰富的铜矿石用小火车、汽车源源不断地运送出来。三四千年前的三星堆和两千多年前的金沙时代，那么一点点需求量，难道还不能满足？非得要到遥远的云南弄回来吗？

情况已经很清楚了，可是当地考古学家们还是不点头。问题出在两个焦点：一个是大宝铜矿没有名气，古书、古人都没有提过，缺乏古文献资料。再一个是三星堆的标本化验报告单中，其中某一数据和云南某铜矿的一块标本数据很相近，有人认为这就是科学的根据。

一位考古学者说："差之毫厘，谬以千里。只需要这一份材料就够

三星堆青铜人面像

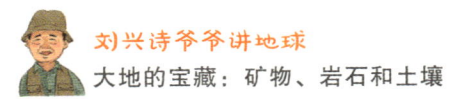

了。"可是三星堆和这个铜矿的铜矿石标本，曾经做过许多次化验呀！其他标本的数据相差很远，又该怎么解释呢？

看来需要介绍一些地质科学的基本知识了。

首先要说明，这是后期的岩浆，沿着一条条岩体缝隙侵入到前期岩体中，从而形成的一种侵入性热液矿床。

请您想一想，一股含着各种各样成分的岩浆，好像一股混杂的液体，各种成分会非常均匀吗？

这绝对不可能！

在热液流动和成矿过程中，成分分布不均匀，是一个极其正常的现象。这不是现代化工业产品，绝对不可能在同一股岩浆里，每一处的成分都绝对均匀，精确到小数点以后的若干位。

由此可见，我们看一个矿的特点，只需观察其含有某种主要成分，掌握了它的主要特点就行了，不必苛求每一块矿石的含量百分比完全相同。这才符合成矿规律，也是实事求是的研究态度。

让我们换一个方式来解释吧。这好比一锅八宝粥，不可能每一勺里的红枣、绿豆颗粒都一样多。难道可以因为一只碗里的红枣、绿豆与另一只碗里的数量有差别，就不承认是一个锅里煮出来的吗？

正确的态度是看主流，抓住基本特点。大宝铜矿的铜矿石和三星堆的青铜制品都是以"高铅低锡"为特点，只消看分析结果是不是基本符合这个特点，或是与此相反就行了。

俗话说，铁路警察各管一段。关于这个问题，地质工作者只是第一段的"铁路警察"。关于矿产的问题，是不是还得听一听其他人的意见呢？

第二段的"铁路警察"是金属冶炼专家。在冶炼问题上，他们当然比我们第一段找矿的，以及仅仅直接研究文物本身特征的第三段的"铁路警察"考古学家们内行得多。他们郑重指出，包括三星堆在内的西南地区，青铜器的铜、铅、锡三者之间的比例是"高铅低锡"。同时代的中原地区，铜、铅、锡三者之间的比例却是"高锡低铅"。只需要掌握这一个主要点就够了，不必计较什么小数点之后几位数的具体数据。

科学研究有一种模糊学。在大的背景下采用模糊、抓主流的观念，反倒比斤斤计较什么小数点确切得多。

请想一想，三星堆是什么时代？当时的冶炼水平能有多高？在那样低下的水平情况下，制造青铜器能够按照比例配方吗？

当然不可能，它不会像今天的现代化大工厂一样，所有产品的配方都严格精确。

是嘛，如果那样，也就不称其为近于原始的时代了。

当时的实际情况怎么样？

可以想象的是，只能是抓着什么就是什么，抓多抓少靠感觉。

谁不信，不妨试一试。即使以三星堆馆藏的一些青铜器为例，成分也不是完全一致的，就是这个道理。

金属冶炼专家说得好，这种情况一直延续到战国时期，直到中原出现《六齐论》后才有改变。

《六齐论》是什么书？就是最早讲冶炼技术的书。所谓"齐"就是"剂"，也就是配方的成分和比例。

请注意，直到这个时候，我们的老祖宗才开始掌握了按照比例配方的技术，制造青铜器才有规范可言。

这样说，有的考古学家还是不信，提出云南铜矿石里含有铜的同位素，作为支持观点的另一个根据。

"同位素"这个名词，听起来是不是非常"科学"，很"高精尖"

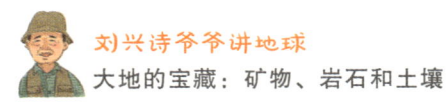

呀？云南铜矿石有同位素，自然非常特殊了。

其实，一般有色金属都有这样的情况，铜矿石也是一样的，含有同位素一点也不稀奇。其中有稳定的，也有不断蜕变的不稳定的部分，在其蜕变过程中，随时都会变化。

要知道，不稳定同位素是变化的。不能认为某个地方的铜矿石标本里含有同位素，其含量多少，就以此为不可动摇的证据。这是普遍现象，也不能作为绝对证据。

这个问题我说清楚了吗？"铁路警察"各管一段，学科之间有密切的联系。请不要故步自封，一些问题还得听听相关学科专家的意见才好。

小知识

矿　床

什么是矿床？就是存在于岩体内，可以满足目前工业开采利用的有用矿物的集合体。一个矿床内，可以是一个矿体，也可以是多个矿体的组合。从矿床所开采出来的，包含着有用矿物本身，也包括一些无用的围岩，必须经过选矿才能得到所要的东西。

矿床的品位很不相同，随着时代发展与技术水平不断提高，不同时代对矿床的品位要求也不一样。从前不能开采的低品位矿床，现在可以开采；现在不能开采的一些矿床，没准儿未来也能够开采了。

矿床有很多分类的办法。有的按照生成原因分类，可以分为热液矿床、沉积矿床、变质矿床；有的按照工业类型分类，可以分为黑色金属矿床、有色金属矿床、可燃有机岩类矿床等；也有为了实用方便，划分为金属矿床、非金属矿床、能源矿床、建材矿床、肥料和农用矿床、宝石和贵金属矿床、化工原料矿床等。

刘兴诗

著

刘兴诗爷爷讲地球

大地的宝藏 下册

矿物、岩石和土壤

长江出版传媒 长江文艺出版社

目录

下篇　岩石与土壤

岩石与土壤

莫说顽石没有用，曾经蹦出孙悟空，砌成长城万里长。休道石头傻大粗，雕出一方方玉玺图章、一对对威武雄壮石狮子、一座座庄严神圣石刻佛像。还有庭院太湖石，泰山石敢当。惊涛裂岸、乱石穿空，书写出许多传世佳作，缀成了灿烂历史篇章。更有遥远石器时代，女娲补天神话流传，开创人类文明，何其悠远绵长、灿烂辉煌。

莫道泥土太单调，这里红黄，那里白黑，加上东方青土，组成一幅神州五色土图画，描绘美丽大中华。

第一章
水火生成的岩石

　　人们时常看到或者摸到石头，可谓举目皆是，唾手可得。石头和人们的关系，简直密切得分不开。

　　早在原始时代，原始人就用上了石头。砸呀砸、磨呀磨，做出一些石头工具。拿起石锄种地，握住石斧和凶猛的野兽拼斗。人们凭着这些古老的石器，揭开了地球历史的新篇章，开辟了人类文明的新天地。

　　历史一页页翻过去，石头在人们的生产、生活中占的比重越来越大，几乎没有一个角落少了它。

　　你看，大门外的石狮子，胡同口的石牌坊，农家院子里的石臼、石磨盘，洞窟里的石刻神像，还有什么泰山石敢当，帝王陵墓前的石翁仲、石象、石马，石头修筑的碉堡、城墙等等，统统和石头有千丝万缕的关系。

　　传说孙悟空是石头里蹦出来的；《水浒传》中，忽然冒出一块大石头，上面刻写着一百零八位梁山好汉的名字……许许多多关于石头的话题和石头制品，一下子说也说不完。

河北省雄州牌坊

石头在人们口中被说来说去，没准儿有人会提出一个说法——石头就是岩石嘛。除了石头、岩石之外，还有一种说法是"岩矿"。岩矿就是岩石加上矿物，人们经常把它们相提并论。

那么，岩石和矿物是不是一回事？

不，岩石和矿物是两码事。岩石的成分比矿物复杂得多，它是经过特殊的地质作用，由许多矿物或岩屑聚合在一起的东西。

有人还会问，为什么有的岩石很坚硬，有的却不是那么硬，很容易风化？为什么有的岩石是这样的颜色，有的却是那样的颜色？有的岩石是一层层的，有的是浑然一大块？有的外表很光滑，有的里面却有小洞洞？关于岩石的许许多多问题，说起来有一大堆。

最后还有一个根本的问题，岩石到底是怎么生成的？

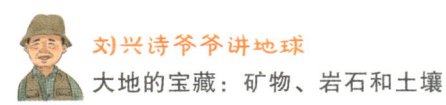
地质学家说，岩石有不同的生成原因，不是一个模子制造的，是不同的地质作用形成的。

第一种形成岩石的力量是"火"。

传说女娲炼五色石用以补天，这岂不是就和火有关系吗？

火热的岩浆喷出地面，或者岩浆藏在地下，都能形成岩石。这种岩石叫作岩浆岩。因为和火有关系，从前有人干脆就叫它火成岩。

岩浆岩可以分为两大类。

一类是喷出地面的岩浆，冷却后凝结形成岩石，叫作喷出岩。乌黑的玄武岩就是一个例子。因为是在地表环境里生成的，在它的表面常常还能见到许多包含着空气的气孔呢！

另一类是岩浆在地下深处逐渐变冷形成的岩石，叫作侵入岩。侵入岩在漫长的冷凝过程中，可以慢慢结晶，因此侵入岩晶粒粗大，具有显晶质结构。花岗岩就是一个例子。

第二种形成岩石的力量是"水"。

露在地表的岩石逐渐风化破碎，被水流冲到别的地方堆积起来，经过很长很长的地质时代，重新变成岩石，叫作沉积岩。因为与水有关系，从前有人就把它叫作水成岩。

沉积岩的种类很多。泥土变成的岩石是泥岩或页岩，砂变成的岩石是砂岩，滚圆的

含有氧化铁条纹的沉积岩

鹅卵石变成的岩石是砾岩，带棱带角的石块形成的岩石是角砾岩，大海里的碳酸质生成的是石灰岩。

第三种形成岩石的力量是"高温"和"高压"。

已经生成的岩石重新埋藏在地下，在很高的温度和压力作用下，会渐渐改变其本身的性质，变成另外一种新岩石，这就是变质岩了。

变质片麻岩

变质岩也可以分为两大类。

由岩浆岩变质生成的叫作正变质岩，例如花岗岩变成了片麻岩。由沉积岩变质生成的是副变质岩，例如泥岩和页岩变成的板岩和片岩，砂岩变成的石英砂岩，石灰岩变成的大理岩。

岩浆岩、沉积岩、变质岩，这三大类岩石的生成成因以及外观、内部特征、物质组成都不同，共同组成了厚厚的地壳，可是它们的分布和数量却不一样。

沉积岩大多分布在地壳表层，岩浆岩、变质岩大多在地壳内部。由于后来地壳运动影响，它们的位置发生了变化。广泛分布在地表的沉积岩，瞧着似乎很多，却不见得比其他两大类岩石多。道理很简单，因为后者藏在深深的地壳下面，并没有完全露出来呀！在这些深藏在地下的岩石中，蕴藏着丰富的矿床。

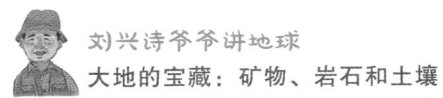

沉积岩常常是一层层的，带有明显的层理。岩浆岩却常常是一大块一大块的。变质岩是什么样子，就看它们原本是怎么来的了。不消说，由岩浆岩、沉积岩变成的正、副变质岩的结构、构造就不一样。

从成分来说，岩浆岩大多含有硅镁质和硅铝质的成分，没有含碳的有机质，能生成许多金属矿床。

分布在地壳表面的沉积岩风化以后，本身就是动植物活动生长的乐园，所以含有不少有机质的成分，埋藏着许许多多动植物化石。由于沉积岩原本都是由出露在地表的泥沙、砾石生成的，又经过蒸发作用，所以含有蒸发形成的盐、石膏、芒硝等矿产。和生物原因有关的石油、天然气，也生成在沉积岩里。

形形色色的岩石，有形形色色的成分和生成原因，以及各种各样的用途，组成了丰富多彩的岩石世界。石头和石头不同，就好像人和人的相貌外表、内在性格有差异一样，千万别把三大类不同的岩石弄混了，不能在"石头"的大帽子下面，把各种各样的岩石弄混了。

 **小卡片**

常见的岩石

　　常见的岩浆岩有花岗岩、闪长岩、辉长岩、橄榄岩、流纹岩、安山岩、玄武岩等。

　　常见的沉积岩有砂岩、粉砂岩、泥岩、页岩、砾岩、角砾岩、石灰岩等。

　　常见的变质岩有大理岩、石英岩、蛇纹岩、板岩、片岩、千枚岩、片麻岩等。

辉长岩

粉砂岩

闪长岩

流纹岩

第二章

话说"花岗岩脑袋"

呸，"花岗岩脑袋"。

"花岗岩脑袋"可不是什么好话，也不算好听的形容词。

呵呵，这是骂人的话呀！如果说谁是花岗岩脑袋，那个人肯定不高兴。准会气得噘起嘴巴，跳起来和你论争。

是呀！"花岗岩脑袋"就是思想顽固的象征，平心而论，谁也不愿意做这种顽固不化的家伙。

是啊！顽固不化的脑袋，思想呆滞，办事死板，不能顺应形势和灵活处理事务。按照这种顽固思路办事，准会一脑袋撞南墙，碰得头破血流，死也不明白自己错在哪里。

话说到这儿，没准儿有人会问："脑袋就是脑袋，不是石头，干吗扯上花岗岩？"

道理很简单，因为花岗岩特别坚硬，别的岩石没法和它相比。思想顽固的脑袋，就像是用这种岩石做的，一点不开窍，一点也不会转弯。

花岗岩真的很坚硬。

你看，包括古希腊、古罗马，以及世界上的其他许多地方，那里的古代花岗岩建筑，虽然经过长期风雨磨蚀，依旧能够保持原有的风貌。倘若换成别的石头来建造建筑物，早就风化得不成样子了。

花岗岩

你看，许多著名的山峰——华山的"险"，黄山的"奇"，统统与坚硬的花岗岩分不开。

为什么花岗岩这样坚硬？因为它主要的成分是石英。石英的硬度很大，除了罕见的金刚石、刚玉、黄玉，它是常见矿物中最坚硬的一种。选用花岗岩作为石材修造起的建筑物以及精心刻凿的花岗岩雕像，保存的时间相当长。花岗岩脊梁的山地，也比别的山峰雄伟壮观得多。

除了华山、黄山，还有许多名山都有同样的花岗岩。武夷山算一个，黑龙江的伊春花岗岩石林也算一个，各自有特殊的风景。美国加州有名的约塞米特国家公园，就是一个特殊的花岗岩公园——那里从河谷垂直上升1000多米的将军岩，据说比直布罗陀岩山还大，是世界上最大的花岗岩块。坚硬的花岗岩，给自然界增添了壮丽的风景。我们可以不要"花岗岩脑袋"，却不能没有花岗岩山冈。如果大自然里失去了花岗岩的阳刚之气，还有什么值得景仰的山魂和石魄？

请问，难道这是一成不变的模式？有花岗岩的地方都会形成悬崖绝壁，没有一丁点儿变化吗？

当然不是。看看另一处风景，就完全不一样。

你不信吗？请看一张熟悉的图片吧。

咔嚓，站在九龙半岛的岸边，给对面的香港太平山拍一张照片。

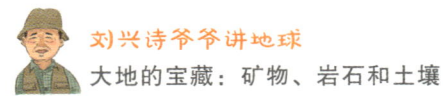

只见这座山地形起伏缓和，非常低矮，压根儿就不能和巍峨雄壮的华山、黄山、武夷山的气势相比。不了解内情的人，还以为这儿是由松软的岩石组成的呢！

不，这也是花岗岩。

你不信，上去仔细看一看就知道了。拿一块香港太平山花岗岩的标本，和华山花岗岩对比，外表瞧着似乎有些不一样，岩石成分却完全没有差别。

咦，这就奇怪了。为什么花岗岩到香港就变了样，完全失去了它固有的坚硬强劲的风格？

这要从它内部的矿物成分说起。

花岗岩的矿物成分很复杂。虽然其最主要的成分是石英，却还包括松软的长石和云母。

在气候干燥、物理风化强烈的地方，各种矿物成分结合在一起，坚硬的石英带头抵抗住风化。岩石只能沿着裂隙崩坍，生成棱角分明的外形，于是造就了雄伟陡峻的山峰。

在化学风化强烈的湿热地区，虽然岩石里的石英还能抵抗风化，但是同在一起的长石、云母却很快就风化成为黏土，随着雨水冲刷，一股脑儿流失了。单粒的石英无处生根，也被一起冲走，

香港太平山夜景

成为一颗颗沙砾。整块花岗岩土崩瓦解了，表面盖了一层厚厚的风化壳，再也挺立不起来，只好变成一座座貌不惊人的浑圆的小山包了。

事物不是一成不变的，坚硬的花岗岩也不例外。香港太平山的花岗岩地形不是最好的证明吗？

石英、长石和云母好像是三个伙伴，共同结合在一起。环境好的情况下，似乎没有一丁点儿问题。一旦环境变化了，石英还能坚持，长石、云母这两个"软骨头"挺不住，就一下子垮了。和这样的家伙在一起，可要小心呀！哈哈！这岂不是一个有趣的比喻吗？

噢，这样说起来，"花岗岩脑袋"并非绝对顽固不化，也有变化的时候呢。我们从中悟得一个道理：世间万物没有绝对不变化的，连坚硬无比的花岗岩也会自我演变。如果谁是"花岗岩脑袋"，就请他换一个环境，受到特殊的风化，也会自然变化。倘若经过这样的环境改变还是那样僵硬，就彻底不可救药了。

呸！顽固不化的"花岗岩脑袋"。

好呀！能够顺应环境的花岗岩地貌。

 **小卡片**

香港太平山的别名

太平山是香港最高峰，海拔 554 米。这里从前是海盗盘踞时的瞭望台，上面曾经挂有信号旗，所以又叫扯旗山。

请你去问当地的老爷爷，他会告诉你，这座山还有一个古老的名字叫作硬头山。

啊，硬头山，不也表明了山顶还有风化残留的坚硬岩石吗？这种硬石头，就是花岗岩呀！

第三章
浮在水上的石头

石头可以浮在水上吗？

得了，别开玩笑了。谁不知道沉重的石头被丢下水就咕咚沉底，怎么可能像木头、树叶一样漂浮在水上呢？

信不信由你，世界上真有浮在水上的石头。

咦，这是真的吗？当然是真的，谁还骗你不成！

请看吧。这是一块黑色的石头，周身布满密密麻麻的孔洞，活像一个黑色的蜂窝。

哦，这难道是古代蜂窝的化石？

不，这不是蜂窝的化石，是真正的石头。

那么，这到底是怎么一回事，石头身上那些蜂窝状的孔洞是怎么形成的？

我国古代的人们早就认识它了，民间又称它为水花、白浮石、海浮石、海石、水泡石，把它当作一种药材。《本草拾遗》解释说："水花……江海中间，久沫成乳石，故如石水沫，犹软者是也。"这话的意思似乎是认为它生成在起伏动荡的波涛中，时间久了，一些泡沫就成为这样的石头。这个想法非常浪漫，实际情况却不是这样的。

既然是石头，就得请地质学家来说明原因。

原来这是火山喷发的时候，随着滚烫的岩浆喷出来的一种特殊的物质。因为火山喷发也含有气体，在岩浆凝结的时候，这些气体来不及散发出去，就被包裹在里面成为一个个大大小小的气泡了。由于这种石头有许许多多气泡，好像充气的海绵块似的。一般孔隙率可以达到70%~80%，容重一般小于每立方厘米1克，孔隙多，质量轻，它就能漂浮在水上了。

噢，原来是这么一回事。天下之大，真是无奇不有呀！石头也能浮在水上，简直颠覆了传统的概念。

请问，这种奇怪的石头叫什么名字？

因为它能够浮在水上，地质学家就给它取了一个最形象的名字——浮石，或者叫多孔玄武岩。

这样的多孔岩石不仅很稀奇，也有许多用处。凭着质量轻、强度高、耐酸碱、耐腐蚀，而且没有污染、没有放射性等特点，它也可以派上一些特殊的用场。不过需要提醒的是，用它造船可不成。石头毕竟是石头，有一定的分量，自己勉强漂浮在水上还可以，运载几个小蚂蚁也成，如果要承受更大的重量就不成了。谁乘坐这样的"浮石船"，那就等着喂鱼吧！

玄武岩柱

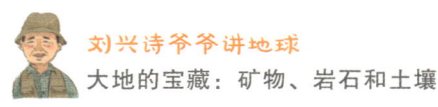
○ **小知识**

火山喷出物

　　火山喷出的东西很多，可以分为两个种类：一种是从火山通道中直接喷出的凝固岩浆和通道四周的围岩碎块。在火山爆发的时候，被炸成碎块或者粉末抛进空中。另一种是液态的物质喷射上天后，在空中冷却凝固的产物。有的甚至在降落到地面的时候，还没有完全硬化呢。

　　在空中冷却凝固的岩块叫作火山弹，外形有的像面包，有的像纺锤，常常有流纹和缝隙，有的还有旋转扭曲的特殊痕迹呢。

　　火山喷出物按照颗粒大小，可以分为许多种类。其中，颗粒直径大于 64 厘米的，叫作火山渣、火山弹，或者火山集块。最大的火山弹直径可以达到十几米，从半空中落下来，比炸弹还厉害。这往往不是单独的一块，而是成团成片地密集撒落，简直就像是排炮轰击了。

　　火山喷出物颗粒直径为 2~64 厘米的，叫作火山角砾，一般的浮石就在这个等级里；直径为 0.02~2 厘米的，叫作火山砂；直径小于 0.02 厘米的，叫作火山灰。可别小看了这种似乎微不足道的火山灰，当它铺天盖地从天而降的时候，可以掩盖地面的一切。公元 79 年 8 月 24 日，意大利那不勒斯附近的维苏威火山爆发的时候，厚厚的火山灰就吞没了整个庞贝古城和附近的另一个城市，将其变成特殊的"城市化石"呢。

夏威夷岛上的基拉韦厄火山喷发

第四章
广阔的玄武岩高原

1952 年，我第一次随队从张家口到张北考察。由低矮的山间盆地，逐步攀升到内蒙古高原上，只觉得地势变得开阔，心情也忽然舒畅了。一眼望不见边、微微起伏的地面，像是一条随意波动的弧线，加上草皮装饰，就显得更加柔和了。地面在天穹下无边无垠展开，好似一张软茸茸的特大地毯，恨不得由着性子在上面打几个滚儿，那才叫带劲呢！

啊，无边无垠的内蒙古高原。只是在这个时候，我才算真正领会了那首"敕勒川，阴山下，天似穹庐，笼盖四野。天苍苍，野茫茫，风吹草低见牛羊"的古诗到底是什么滋味。那位古代无名诗人，把眼前的这一切描写得多么准确、多么生动啊！

一番激动之后，头脑中就会回旋一个问题：眼前这一片高原，为什么这么平整？这是因为整个大轮廓是一马平川，即使有一些儿微微起伏，也算不了什么——好像总是动荡不休的大海，没有人会说它不是平的一样。人们嘴里老是说"海平面"，可没有人说什么"海曲面"的。

内蒙古呼伦贝尔草原

　　是啊，我自己问自己：内蒙古高原
的地形为什么这样平坦？无穷岁月的磨蚀，也没有把它切割得七
零八碎，像是别处的山地一样。

　　告诉你答案，这里的地面是第三纪玄武岩铺成的。在漫长的地
质时代中，第三纪还算很新，玄武岩特别坚硬。这坚硬的玄武岩外
壳，好像一层铠甲似的蒙盖着内蒙古高原，保护它不受切割损坏。

　　玄武岩是什么岩石？为什么能铺展得这样宽广，庇护了整个
高原地面？

　　原来这是一种特殊的火山喷出岩。它不像一般的火山一样，岩
浆从座座孤立的火山口喷发，而是沿着一条条很长很长的裂隙向
外喷发，所以影响的面积很大。加上这种岩浆的黏度小、流动性大，
喷发溢流出地表后，很容易向四面八方扩展开，所以就能笼罩广
阔的地面，形成好几千甚至几十万平方千米的熔岩台地和高原了。

这儿的第三纪玄武岩，覆盖了河北省张家口以北，直到内蒙古东部以及东北地区的西南部，面积非常广阔，形成了眼前这一望无涯的大高原。

在我国境内，大面积玄武岩覆盖的区域不止这一个地方。二叠纪喷出的峨眉山玄武岩不仅广泛分布在峨眉山周围，还覆盖了四川、云南、贵州交界的一大片地方，也是较为明显的例子。

小知识

月球玄武岩

月球上最主要的岩石就是玄武岩。天文学家报告，几乎整个月球的外壳都是这种很厚很厚的岩石，这种岩石构成了月球的坚硬盾甲，所以月球上才形成了那么多、那么广阔的"月陆"和"月海"。这种岩石是经过多次喷发形成的，是月球上最年轻的岩石。它大致形成于距今 37 亿~33 亿年间，年龄几乎相当于已知的地球上最古老的岩石。

阿波罗 17 号宇航员取回的 70017 号月球玄武岩

第五章
神奇的"巨人之路"

现在我们要说的，是一条神奇的"巨人之路"。

啊，"巨人之路"，是一个童话故事吗？

不，这不是童话，是一种真实的自然景观。

请看，这是英国的一个奇观。在北爱尔兰安特里姆郡的海岸边，有一个地方密密麻麻排满了无数石柱，它们的形态长长短短、粗粗细细、高高低低。那里总共有 4 万多根石柱，顺着海岸延续了 6 千米左右，生成一个岬角，所以该地被叫作"巨人堤"和"巨人岬"。

这些石头柱子大部分是比例匀称的六边形，直径从 30 多厘米至 50 厘米不等。也有个别是四边、五边或八边形，数量较少，走老远才能发现一两根。一排排、一层层的石头柱子在一些地方顺着山坡排列，活像一级级天然石阶梯。

人们说，这是"巨人之路"。这真是闻所未闻、见所未见的奇观。1986 年它被联合国教科文组织批准为世界自然遗产。

这种现象不是这儿特有的。要说什么特有的话，那就是玄武岩所特有的一个现象了。不仅在英国北爱尔兰这个地方，在我国的台湾、福建，以及南京附近等地，也有同样的现象。

外来的游客瞧着这些古里古怪的石头柱子不禁会问，这是怎么生成的？

原来这是火山喷发后，灼热熔岩逐渐冷却收缩，由玄武岩内部结晶构造所决定的。在玄武岩熔岩流中，垂直冷凝面常常发育成规则的六方柱状节理，生成六边形石柱。

为什么会形成这个现象呢？有专家解释说，在物质均一的熔岩中，有均匀分布的冷却中心，彼此距离相等，呈等边三角形分布。在熔岩冷凝过程中，各自向中心收缩，就形成六方柱状的节理了。

在北爱尔兰当地，中生代的白垩纪末期曾经发生大规模火山喷发，后来生成了这种特殊景观。

北爱尔兰巨人堤道

峨眉山游客的发现

我们在峨眉山下曾经有一个工作基地。有一天，来了几个兴冲冲的游客，报告了他们的神奇发现。他们在半山一个地方，把随身携带的指南针好奇地放在玄武岩上，无意中记录了指针指示的方向。登上山顶后，再一次测量那儿的玄武岩，察觉指针方向改变了。

他们不明白，为什么同样一座山，测量的结果却有差别？推想这儿肯定隐藏着一个大铁矿，才会出现这样的现象。

这几个游客真可爱，旅游不忘找矿，真是好样的。玄武岩里的确含有铁的成分，所以才会吸引指南针指针。峨眉山玄武岩生成在二叠纪，这个地质时期从 2.9 亿年前开始，经历了 4000 多万年，前后非常漫长。在此期间，玄武岩曾经多次喷发，不同期间的地磁极有一些微细变化，被地磁极吸引的指南针指针有一点变化，一点也不稀奇。这儿并没有大铁矿，多谢他们的热心。

玄武岩内除了铁，还有铜、钴、硫黄、冰洲石等成分，在有些含量较多的地方，可以作为矿产开发。玄武岩本身，也可以做耐酸铸石原料。

瓦屋山迷魂凼

峨眉山附近不远的四川省洪雅县瓦屋山上，有一个神秘的迷魂凼。里面地形复杂，林木茂密，千百年来，人迹罕至。曾经有一些人冒失地闯进去迷了路，发现指南针失灵，手机没有信号，好不容易才钻出来，还出现个别失踪的事件，所以传得神秘兮兮的。

有人说，这里是一个巨大的磁场；有人说是森林产生瘴气，使人眩晕产生幻觉；甚至有人胡说是什么"北纬30度之谜""陆上百慕大三角"，越说越离奇古怪。

我们上文已经说过了，一般的玄武岩不会形成大铁矿，也没有什么大磁场。而所谓"瘴气"大多发生在南方热带、亚热带地区环境封闭的阔叶丛林内。瓦屋山山顶上是以云杉、冷杉为主的针叶林，林下不过生长着箭竹而已，缺乏大量枯枝腐叶堆积，不可能形成"瘴气"。北纬30度，是一条普通的纬度线，压根儿就没有什么特别之处。伪科学必须揭露，那些耸人听闻、稀奇古怪的传说都是骗人的。

这个所谓迷魂凼里的地形，是受特殊的玄武岩六角形柱状节理的影响而形成的。在长期风化剥蚀情况下，玄武岩往往沿着这样的节理崩裂，生成一个个形状相同的地形，外貌几乎是一样的，排列十分整齐规律，组成了一种迷宫似的环境，容易让人迷惑。加上该地茂密的植被遮蔽视野，阻碍通行，让人们摸不清方向，行走困难。这种天然地形迷宫和绿色植物迷宫相互结合，就形成使人望而生畏的迷魂凼了。

第六章
张家界的秘密

张家界是岩石的"森林"。

你看，到处都是高耸的石头柱子，比城市中许许多多摩天大厦高得多。不消说，也坚固得多。这里历经时代摩挲，也更显岁月沧桑。

你瞧，每根柱子由嶙峋的岩石组成，密密麻麻挤在一起，难道不像是一座奇异的"石头森林"吗？

这些石头柱子不仅很高，造型也很奇特，多多少少带着一些不凡的仙气，增添了它们的艺术欣赏价值。

仔细看吧，有的像人物，有的像怪兽，有的像空中楼阁。它们被叫作"金交椅""御笔峰""将军岩""采药老人""仙女散花"什么的，各自成为一个独特的景点。其中有一根石柱活像一根直立的巨大钢鞭，就是齐天大圣孙悟空到来，也未必拿得起来。这儿干脆就叫金鞭岩，旁边的一条溪流叫作金鞭溪。顺着这条小溪，就能一步步走进"石头森林"的深处了。

张家界是深山。

张家界国家森林公园

　　说这儿是深山，首先，不仅是因为从前这里与世隔绝，远离喧嚣的城镇；而且，从远近距离和心理距离而言，可算是很偏很远，也很深很深。其次，由于这里石林密布，无论低头俯瞰，还是抬头仰望，也都显得十分深邃。特别是后面这个因素，不是一般的偏远深山可以相提并论的，可谓是它的独到之处了。

　　张家界到处是绝妙的风景。

　　这儿的风景有什么特色？人们总结了两句诗：

　　　　仙山的缩影，

　　　　放大的盆景。

　　想一想，一座座仙山缩小，一个个盆景放大，那会是什么神奇的场景？这就是与众不同的张家界了。

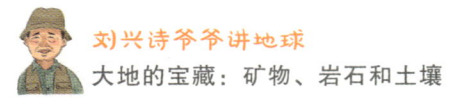
是呀！是呀！到过这儿的游客，没有一个不感到无限惊奇，啧啧赞叹大自然的巧妙魔力——这才是鬼斧神工，人间哪有这样的奇迹。

人们赞叹了，噼里啪啦拍了许多照片后，忍不住会问，眼前这一片绮丽的风景，到底是怎么形成的？

这些巨大的石柱是怎么形成的？

为什么一根根石柱耸立得很高很高，瞧着非常悬乎，却能屹立不倒？

地质学家解释说，原来这儿的岩体内，有非常密集的方格状的垂直裂缝。岩体沿着裂缝不断向下劈裂开，就成为一根根孤立的石柱了。加上这儿的大地不断抬升，石柱更显得高耸。

这里的岩体是坚硬的石英砂岩，抵抗风化剥蚀的能力很强，所以能保存得很好。

哦，张家界的秘密，原来隐藏在它本身的岩石性质和地质构

张家界南天门

造里。这似乎冥冥中早就规划好了。人们说它是"石头森林"，这话有些对了。森林倒未必，石林却是真正的。

请记住，石林就是它的真实的学名。不过自然界还有另外一种石灰岩溶蚀生成的石林，我们到后面再讲吧。为了和属于喀斯特范畴的溶蚀石林相区别，把它称为砂岩石林也行。

你知道吗？

土　林

在云南省北部，古老的元谋人的故乡，一个不大的盆地里存在一种特殊的土林。一根根颜色不一的土柱高高耸起，有的像塔，有的像柱子，还有许多拟人拟物的特殊形象。和张家界石林一样，也是密集排列，活像一片泥土塑造的森林，那里已经被开发成为一个新的旅游景观。所不同的是，它的形成有另一种原因。

原来在这个盆地里，堆积了厚厚的杂色泥土，在暴雨冲刷下，天长日久就形成这种罕见的土林了。泥土当然比不上坚硬的岩石，经过一次次暴雨袭击，外部形态迅速变化，展现出一幅幅神奇的图景。这就是它与张家界石林不同的地方。

第七章
卵石堆成的高山

喂，朋友，给你一大堆鸡蛋，你能堆成一座小山吗？

噢，那怎么行？要把圆溜溜的鸡蛋堆起来谈何容易。别说堆成一座山，就是堆到一尺高，也让人提心吊胆。

你不信吗？让魔术师表演一个节目看看吧。

注意啦！魔术就要开始啦。

他在一道陡峭的崖壁面前，扯起一块巨大的幕布，挡住了观众的视线，喊一声"一、二、三!"只见幕布拉开，背后露出了光溜溜的崖壁。

这是什么崖壁呀！不是一层层岩石，竟是无数圆溜溜的"鸡蛋"堆积起来的。

啊呀呀，做梦也想不到会有这种事，简直是世间奇迹。这里没有鸡，不会"鸡飞"，却会"蛋打"。倘若骨碌碌滚下来，准会变成一摊蛋黄和蛋清。踩一脚，滑一跤，摔得鼻青脸肿是小事，万一骨折就麻烦了。

这真是鸡蛋吗？

魔术师笑嘻嘻地揭开了谜底。他取出一个真正的鸡蛋，对着崖壁上的"鸡蛋"一碰，鸡蛋立刻就碰破了壳，流出了蛋黄和蛋清。

啊，原来这是"以卵击石"呀！崖壁上不是真正的鸡蛋，而是像鸡蛋一样圆溜溜的鹅卵石。

鹅卵石

这又奇怪了，鹅卵石一般都在河边，怎么会跑到崖壁上？是谁堆起来的？难道魔术师真有那样大的本领，用鸡蛋堆成一座山？

不，这不是鸡蛋，是鸡蛋一样的鹅卵石。

和鸡蛋一样圆溜溜的鹅卵石，也没法堆成一座山呀！

啊哈哈！这应该是水泥和鹅卵石搅拌在一起，生成的混凝土呀。用混凝土修筑高楼大厦，不管有多高也不会垮塌。如果用混凝土建造一道崖壁，当然也不会垮。

不，这不是一般的鹅卵石，也不是混凝土，而是坚硬的砾岩。砾岩是遥远地质时期的鹅卵石，它经过自然胶结作用，变成了铁板一块，就可以抵抗风雨侵蚀，高高耸立而不会垮塌了。

好奇的人们再问，河边的鹅卵石怎么会跑到崖壁上去呢？

原来，这里是河流出山的地方。河流挟带从山里冲出来的鹅卵石，在这儿越堆越多。随着山地上升以及山脚下的平原下沉，这些鹅卵石一层层堆起来，生成了厚厚的卵石层。后来随着地壳上升，

青城后山五龙沟

　　埋藏在地下的卵石层逐渐露出，逐渐升高，最终形成了一座山。

　　砾岩形成的山很多。信不信由你，号称"一夫当关，万夫莫开"的剑门关崖壁，就是砾岩形成的。走到跟前仔细观察，可看到崖壁上布满了密密麻麻的鹅卵石。

　　道教圣地，号称"青城天下幽"的四川省都江堰市的青城山，也是一座砾岩堆砌的山峰。这儿比山脚下的平原高 1000 多米，气势非常雄浑。难怪当年道教的创始人看中了此地，在这里隐居传道。

　　青城山是有名的避暑胜地。炎热的夏天，山下的成都市民热得受不了，纷纷跑到这儿来避暑。这儿还有一条高速公路直通号称"火炉"的重庆，也吸引了重庆来的避暑客。

砾石的磨圆度

砾石十分常见，经常被叫作鹅卵石。可是仔细一想，似乎有些小问题。鹅卵是什么？就是鹅蛋嘛。鸡蛋、鸭蛋、鹅蛋，统统是圆溜溜的。可是我们瞧见的砾石，有圆的，有带棱带角的，和真正的蛋不一样。请问，世界上难道还有带棱角的蛋不成？看来鹅卵石这个名儿，随便说说还可以，要较真起来就不成了。地质工作者的笔记本上，就没有鹅卵石这个名词。

地质学上规定，根据砾石的浑圆程度，可以将它分为滚圆状、次圆状、次棱状、棱角状 4 个等级。滚圆状是圆溜溜的，就可以算是鹅卵石了。棱角状的砾石，完全没有冲磨的痕迹，外表是真正带棱带角的样子。次圆状、次棱状的磨圆程度，介于滚圆状和棱角状二者之间。次圆状砾石的整个外形基本上已经是光溜溜的了，但是一些棱角部分还保留着原来的外貌。次棱状砾石的外形和棱角状砾石基本上一样，只是一些地方稍微磨光了一些而已。

砾石的磨圆程度和搬运远近有关系。搬运得远的当然冲磨得圆些，距离近的砾石，棱角自然就很分明了。同时，这也和砾石本身的岩石性质有关系，本来就很软的，很容易就会冲磨得圆溜溜的。本身坚硬的岩石抵抗能力比较强，就不容易磨圆了。

小卡片

砾岩和角砾岩

砾岩一般是滚圆的砾石经过成岩作用后形成的，例如河流堆积的砾石就能生成砾岩。角砾岩就是带棱带角的砾石形成的，多是由山崩后的石块所生成的。

第八章
红艳艳的丹霞山

红艳艳的山岭，一重重、一叠叠，好像山花盛开般灿烂，多么美丽，多么好看。

红艳艳的山石，一块块、一片片，好像是晚霞染红的，多么奇特，多么鲜艳。

这红艳艳的色彩，真的是山花点缀的吗?

不，过了百花初放的春天，过了花儿盛开的夏天，又过了叶落花谢的萧瑟秋天，一直到寒风凛冽的冬天，这儿的山岭、山石，依旧是

航拍广东省韶关丹霞山风光

《人民画报》中的
金鸡岭

那么红艳艳的一片。

再说，不仅是朝霞、晚霞漫天的时候，在一天里别的时间中，甚至是太阳躲进云雾里、暗沉沉的阴天，这儿依旧满山是红的，而不是别的颜色。这哪会是霞光映照的结果呢？

充满好奇心的孩子不相信，还想看一看到底是不是花儿和霞光把它弄成这样的。

等呀等，看呀看。不管什么时间，不管怎么看，这儿的山岭都照旧一派红艳艳。

噢，这不是山花点染，更不是朝霞和晚霞映照。再仔细观察，原来这是它本来的颜色呀！红红的山石，本来就非常夺目。

请问，这奇异的红色山岭是什么地方？

这是位于广东省韶关市的金鸡岭和丹霞山呀！

金鸡岭号称"广东八景"之一，红彤彤的崖壁上，高高站立着一只石头大公鸡，老远就能看见。

你不用到处寻找，南来北往的火车就在它的下方通过。当列车停

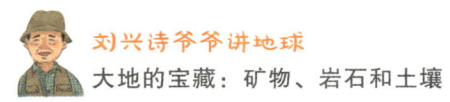

在一个小站，人们从车窗里抬头往外一看，就能瞧见这只天生的红色大公鸡了。

丹霞山呢？

它被列为国家 5A 级景区、国家级自然保护区、世界地质公园。这里面积非常宽广，景观造型非常奇特，总面积有 292 平方千米。其中分布着众多的孤峰、石柱、崖墙、天生桥，景色非常优美。最最吸引人的，不消说就是那红红的一片。加上幽深的峡谷和浓密的古树，风景更加宜人。

一眼望不尽的层层叠叠的山峦，全都袒露出坚固山石形成的山体。一道道陡峭的悬崖绝壁，好像刀削斧劈似的，组成了一幅如同石头城堡的图画。似乎有高高低低的烽火台，起伏不平的雉堞。满山上下一片通红，仿佛这儿经历了一场空前恶战，无数战士的鲜血浸透了山石，永远也冲洗不去。

明朝末年一位巡抚经过这儿，瞧着眼前的红色群山这般鲜艳，忍不住称赞说："色如渥丹，灿若明霞。"

瞧呀，他把这一片红彤彤的山岭比喻成怒放的渥丹（又名红百合）和灿烂的霞光，真是恰当极了。

啊啊啊，这才是真正的"赤壁"。

眺望红色的金鸡岭和丹霞山，人们在赞叹之余也有些疑惑——为什么它们这般鲜红？为什么它和晚霞映红的山岭不一样，永远也不褪色呢？

这片岭南赤壁是怎么形成的？这儿到底是先有山岭，然后变成红色；还是先有红色的岩石，再形成陡峭的山岭？这得要地质学家来回答。

地质学家说，后面这个说法是正确的。原来这儿先就有一大片红色岩层，后来经过地壳抬升，缓缓向下切割，才形成这一大片奇特瑰丽的丹霞山。

哦，原来这是红色的元素散布在整个岩层里，而不是霞光映照的原因。

它的名字也是地质学家取的。

1928年，地质学家冯景兰来到这儿，发现了这儿的红色砂砾岩层，根据三国时期曹丕"丹霞夹明月，华星出云间"的诗意，把这个岩层命名为丹霞层。后来的地质学家干脆就把这种地貌叫作丹霞地貌。

这是红色岩层生成的特殊丹霞地貌。这些红色岩层生成在遥远的地质时代里，主要发育于侏罗纪至新生代第三纪期间，生成在水平或缓倾的红色地层中。干燥的气候环境条件下，沉积的泥沙中含有许多铁质，就会使整个岩层都变成红色的了。以丹霞山来说，它的山岩里含有丰富的氢氧化铁和石膏，当然就是红的了。这是真正的自来红，骨子里都红透了，不是后来涂抹的颜色。

丹霞地貌的岩石不仅很红，也很硬。因为这些砂岩和砾岩，被钙质胶结得特别紧密，使山的"骨头"变得坚硬无比，能够抵御风化剥蚀，

张掖丹霞地貌

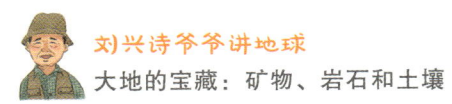

所以地形特别陡峻，形成了这种又红又硬的特殊岩石，生成了红色的金鸡、孤峰、城堡等各种各样的天然造型。

丹霞地貌的形成，还和地质构造有关系。以四川盆地来说，常常是水平构造，水平的岩层形成了特殊的景观：如果上面是坚硬的砂岩和砾岩，能够抵抗风化剥蚀，就生成山顶平坦、周围边坡陡峭的方山；如果上面是松软的页岩和泥岩，禁不住风化剥蚀，就生成许许多多馒头状的山丘。

广东丹霞山是红色砂砾岩构成的，所以特别坚硬。这里岩层里的垂直节理非常发达，有的地方密如蛛网。沿着垂直节理崩塌，就形成高大壮观的陡崖，以及无数孤峰、石柱了。而如果沿着一道长长的裂隙走向发展，还能生成十分壮观的崖墙、深邃的峡谷。崖壁上往往还能看见一些沿着层面分布的岩洞呢。

丹霞地貌并不是这儿的独一份特色，世界上许多地方都有类似的景观。这种丹霞地貌主要分布在中国西北和西南部、美国西部、中欧和澳大利亚等地。中国的丹霞地貌分布极广，承德的棒槌山、成都附近的青城山、贵州赤水河沿岸的大片红色峭壁和山岭都是同样的丹霞地貌。可是比来看去，还是广东的丹霞山和金鸡岭最为典型。

"红层"

地质学家口中常常说到的"红层"，主要是指中生代侏罗纪、白垩纪至新生代第三纪期间，由于气候环境干燥而生成的红色岩系，一般是坚硬的红色砂岩和砾岩，也有岩性松软的页岩和泥岩。

这些"红层"地貌是真正的赤壁。著名的赤壁之战的"武赤壁"，因苏东坡笔下的《赤壁赋》而闻名的"文赤壁"，都和"红层"有关系。

第九章
丑陋的"焦巴癞"

瞧呀！江边趴着许多癞蛤蟆。一排排、一堆堆，一动也不动，真难看。

真的是癞蛤蟆吗？哪有那么多、那么大的癞蛤蟆。

这不是癞蛤蟆，是川江水手十分熟悉的"焦巴癞"。

川江一般指包括三峡在内的四川盆地里的长江，以及它的一些可以通航的主要支流。"焦巴癞"不是动物，而是川江水手对江边一种特殊岩石的称呼。

为什么叫这个稀奇古怪的名字？

因为它的外形"疙里疙瘩"非常难看，好像癞蛤蟆似的，所以得了这个丑名。

"焦巴癞"分布在哪儿？

以长江干流来说，沿着金沙江而下，穿过三峡，直至鄂西一带，在枯水期的时候，几乎到处都可以看见"焦巴癞"。长江支流嘉陵江、涪江、乌江、清江沿岸也很多。甚至在广西的红水河、邕江岸边，我也曾经发现过。可以说是以四川盆地为中心，几乎西南各省都

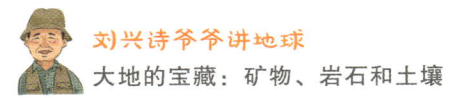

有它的踪影。因为它常常分布在低水位的滩头上，被江水长期冲刷，外表很像礁石，所以有人说它是礁滩，也很形象。

1931 年，一位名叫哈安姆的外国地质学家到重庆一带考察，发现重庆对岸的江北城下有一片这样的玩意儿，它们几乎都是由一个个滚圆的砾石胶结起来的，非常坚硬，活像远古的砾岩，给它取名为江北砾岩，从此它就有一个学名了。

江北砾岩是怎么生成的？哈安姆心里想：这准是一种古老岩石的露头，要不，怎么会这么硬？从这一点出发，他认为这是和恐龙同时代的中生代末期白垩纪的产物。

抗日战争爆发后，许多科学家云集大后方。那时候科研经费不足，不能开展大范围的考察，自然就对眼前的地域研究得更加深入了。重庆郊区有名的北碚、沙坪坝等经典地质剖面，都是这样建立起来的。我小时候跟着学地质的叔父刘丹梧去见过的李春昱先生，也专门考察了江北砾岩。李先生注意到它出露的位置很低，枯水期出露，洪水期被淹没，并常常和一些松散的砾石层共生在一起，不像是古老岩石的露头，所以给它另外取了一个名字叫作江北砾石层。从砾岩到砾石层，名字一变，意思也就不一样了。

李先生认为它的时代很新。新到什么时候？李先生想，这应该是第四纪晚更新世的东西吧，距今也有好几万年了。李先生是地质学界的老前辈，非常受人尊敬，他这样一说，从此就成为规范，大家就把它当作是四川盆地内部的晚更新世的标准地层了。谁也没有想过是不是还有别的可能性。

我是抗日战争时期在嘉陵江边长大的孩子，从小就熟悉它。由于当时年纪太小，也不知道这是什么东西。更加没有想到，将来自己还会认真研究它。命运啊，就是这样从来也不给人们一丁点儿预先的启示——无论是人生悲欢离合的轨迹，还是科学发现的艰辛历程。

我从北方回到四川，带了一双老师给我的"科学眼睛"，这才重新"发现"了它。瞧着这片"疙里疙瘩"的江北砾岩，越看越觉得奇怪，决心要把它弄清楚。

江北砾岩可不是想看就能随时看到的。如果说天上飞的大雁是候鸟，那它就是水里的"候石"。

为什么这样说？因为它的位置很低，总是分布在洪、枯水位变幅带内。夏天洪水滔滔，想看也看不到；只有等冬天水落石出，才露出丑陋的面孔，可以让你看个够。

谁想见识它，就得委屈一下，别窝在家里烤火取暖，最好老老实实冒着凛冽的江风，在数九寒天里去拜访它吧。我就是这样和它泡上了。我从幽深的金沙江峡谷，穿过四川盆地、长江三峡，进入鄂西丘陵。还钻进长江的许多支流，以及支流的支流，一步步踏着起伏不平的河滩，到处寻找它的踪迹。

话说得简单，要实现可真难啊！春节前，大家欢天喜地往家里赶路，我却反其道而行之，头也不回地迈出家门。蹬上登山靴，穿着工作服，背着装满岩石标本沉重的地质背包，我孤孤单单地顺着江边的乱石滩，踩着冰冷的江水一步步前行。

考察的过程不是一件容易的事。有一次，我走进水势险恶的瞿塘峡，瞧着极枯水期时候江心露出的几块小小礁石，心里想：那上面有没有它的踪迹？这里水流如箭，很少有人敢冒险过去。为了查看那几块江心的礁石，只好磨破嘴皮，和航标艇的水手商量，终获同意。我穿上救生衣，乘着比打鱼船还小的蚱蜢小艇，冲波破浪开过去。瞅准了时机一步跳过去，在四周波涛冲击、只有巴

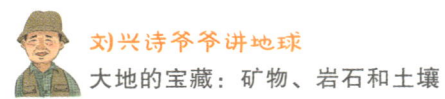

掌大的礁石上站稳了，真的发现石缝里也有它呢。挥起地质锤敲下一块珍贵的标本，那种高兴劲儿，简直无法形容。

世间万事拗不过"认真"二字，和砾岩泡的时间长了，自然也就看透了它的本质，总结出三个"无论"，一个"不均匀"。

什么是三个"无论"？

你看它，无论处于什么地貌部位，包括阶地、河漫滩、洪积扇和山地边坡；无论什么时代，从较老的更新世到最新的全新世堆积物；无论什么岩性，只要孔隙度比较大，可以通透水流的砾石和砂层，只要分布在洪、枯水位变幅带内，几乎全都可以胶结成为这样的坚硬"岩石"。

从第一个"无论"出发，我把它划分为阶地型、河漫滩型、洪积扇型和边坡型这四种不同的类型。

从第二个"无论"出发，可见上述不同地貌单元的被胶结部分，显然不是同一时代，不能被当成同一个地层。

胶结的砾岩

从第三个"无论"出发，既有胶结砾岩，也有胶结砂岩，就不能把它简单称为什么"砾岩"。我干脆把它叫作"砂砾岩"。

什么是"不均匀"？

因为它具有朝向上、下、左、右和由表及里、逐渐过渡的不均匀胶结现象。

你看它，并不像普通岩石那样"铁板一块"，常常上、下、左、右都是松散的砾石和砂，只是中间夹着一层硬邦邦的"岩石"而已。由于江水冲刷，上下松散部分常常被冲蚀成深浅不一的凹穴和空洞，只留下中间胶结成岩的坚硬部分，好像屋檐似的突出在外面，形态鲜明。我在湖北宜都红花套的江边，甚至看到河漫滩底部的松散砾石被掏空了，只留下表面胶结的薄层砾岩，好像空空的乌龟壳一样，有趣极了。

它不仅上下胶结不均匀，剖面内外也存在同样的不均匀现象。许多地方从外面看，似乎非常坚硬，可是向里面一挖，就一下子露了馅儿，渐渐过渡为松散的堆积物了。

请问，这样的东西，可以和传统观念里通体坚硬的古老岩石等量齐观吗？能够作为同一个时代的标准地层吗？不，无论把它叫作江北砾岩，还是江北砾石层，都值得商榷研讨。

它到底是怎么生成的？

我采集了许多标本，磨片后在显微镜下观察，发现在砾石和砂粒间的填充物质都是次生形成的方解石。它们的晶体不是常见的规则形态，全都是"将就"孔隙的空间填补进去的。一眼就能看出，这是原来的砂砾堆积后，经过后期次生胶结形成的。

现在，我可抓住它的辫子了。啊哈！原来所谓的江北砾岩，只不过是后期胶结形成的一种玩意儿而已。我有了百分之百的把

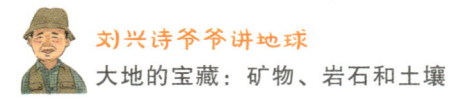
握，给它重新取了一个名字，叫作江北期次生胶结砂砾岩，把它写进了我的一些专著和论文里。

为什么在"江北"后面加上一个"期"？因为这是一个次生胶结的时代。我必须把这个时代的胶结机制弄清楚，把它的具体年龄测定出来。

从它出现在江边最低的河漫滩表面的不争事实，可以断定次生胶结时间应该在低河漫滩堆积形成以后。不消说，应是距离现在很近的全新世期间内。我认定了是距今三四千年前的全新世亚北方期，这时候全球气候都以极端干燥为主，四川盆地及其邻侧地区当然也不例外。在那样的气候环境内，标志性的地球化学元素是碳酸钙。无论地下水和地表水里，全都饱含着碳酸钙的成分。位于洪、枯水位变幅带和地下水溢出带内的河漫滩、阶地、洪积扇和其他边坡上，洪水期被水流浸漫，枯水期出露后，在烈日蒸发作用下失去了水分，碳酸钙就沉淀下来，结晶形成方解石，填充在砂砾层的空隙里了，胶结得紧紧的。猛一看，好像人工浇灌的混凝土似的，这就是它次生胶结的全部秘密。

要想测定它的具体年龄，用现代技术手段不过是小菜一碟。可是选择在什么地方采取标本进行测验才能更好地说服人，必须好好动一下脑筋。如果在什么荒山野滩上随便捡起几块石头测定，别人会相信吗？我选来选去，选定了第四纪地层研究的传统标准地点——北碚，那里嘉陵江边江北砾岩分布最厚，剖面保存也最完好。我就在这里取样测定，最后得出一组数据：中、上部距今 3300 ± 1100 年至 4550 ± 80 年，底部距今 9100 ± 700 年。

看到这些数据，我又高兴，又惊奇。高兴的是我的推论基本是正确的，它的主体部分属于亚北方期已经毫无疑问。惊奇的是底部还有更老的北方期的产物，这表明，它的胶结时代不止一个，都和干燥气候环境相关联。

只是实验室内的年龄测定，还不能完全说明问题。通过野外大面积调查，还发现了许多难以想象的事实，证明沿江次生胶结作用似乎至今一直都在进行着。

口说无凭，请看一些具体实例吧。我在重庆以东不远的寸滩水文站附近的江边，发现一个新石器时代的磨光石斧被胶结在砾岩内。在涪陵上游的黄旗渡口，发现东汉画像砖被胶结在同样的砾岩内。重庆对岸的江北江边低河漫滩上，还有许多瓦片被轻微胶结。最有趣的是，在湖北长阳县招待所附近的清江边，我居然瞧见一些被电线缠绕的白色电线瓷筒也被胶结了。

我问当地的老乡："你们这里什么时候开始用电的？"

他的回答差些儿使我惊奇得跳了起来，怀疑自己是不是听错了。他告诉我："中华人民共和国成立前我们点油灯。托毛主席他老人家的福，中华人民共和国成立后我们才用电的。"

啊，从 1949 年到当时不过 30 多年，想不到就有一些东西轻度被胶结在砾岩里。虽然可以用手使劲掰下来，可是毕竟有了一些胶结作用呀！

这使我深深相信，这种胶结作用一直都在进行着，其主要胶结期是距今三四千年前的时期。我所谓的"江北期"，主要限定为这个时段内，和世界性的亚北方期相当。这是一种次生胶结作用产生的最新"岩石"，真有趣！

为了这个难看的"焦巴癣"，我历尽千辛万苦，几乎独自走遍了整个长江中游，终于弄明白了它的奥秘。现在这个观念已经被广泛采用，我那抛弃春节的家庭温暖，顶着寒风沿江踽踽独行

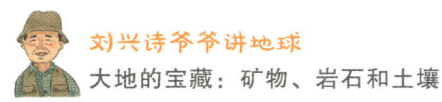

的辛苦考察没有白费。这就够了！对一个有志的科学工作者来说，还有什么能比探索清楚一个科学难题更高兴的呢？

亚北方期

亚北方期是距今三四千年前的一个最新地质时期。那时候，全球进入了一个以持续性干旱，加上突发性洪水为特征的灾变气候期。大致相当于我国传说中的尧、舜、禹时期以及夏、商阶段。后羿射日、大禹治水等神话故事，以及夏、商的历史，都流传和发生在这个时期里。

第十章
装饰庭院的"太湖石"

《水浒传》里有一段"吴用智取生辰纲"的精彩故事。大奸臣蔡京要过生日了，他的女婿、北京大名府的梁中书派武艺高强的杨志，押送价值十万贯的生日礼物，到东京太师府去送礼祝寿。想不到路过梁山的时候，被智多星吴用设计在酒中下药，将生辰纲悉数劫走。

那时候，社会上贪污腐败横行。这样给上级，甚至皇帝本人送礼、拍马屁的"生辰纲"可多了。根据礼物的内容，分为许多种类，下边要提到的花石纲就是其中的一种。当然啰，还有正常运输的茶纲、盐纲等。

让我们来说花石纲以及它的用途吧。

当时的花石纲，主要是从江南运送奇花异草，以及形态优美的奇石，作为皇宫内院和达官贵人家中庭院的装饰品。有名的太湖石，就是其中最重要的一种。宋徽宗本人就非常喜欢这些怪模怪样的石头，亲自下令在南方搜寻。宣和五年（公元 1123 年），用大船从南方运送来一块巨大的太湖石，沿途有上千人护送。到了东京（今天的河南开封），宋徽宗亲自给它命名叫"敷庆神运石"。另一块四丈高的命

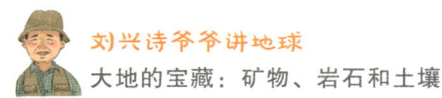

名为"神运昭功石"，甚至还封其中一块为"盘固侯"。皇帝这样玩物丧志，最后终于亡国，被金兵俘虏，到冰天雪地的五国城"坐井观天"去了。

顾名思义，太湖石是来自江南太湖区域的一种奇石。它常常被安放在一些古典庭院中，作为特殊的装饰品。

这种石头形态非常怪异，造型十分抢眼。周身上下都是玲珑剔透的窟窿眼儿，加上石体嶙峋挺拔，给整个庭院增添了无限情趣。它虽然不能算是通灵宝玉，也算得上是灵秀的奇石了。从前太湖石不仅千里迢迢被运送到开封、北京，即使在当地的苏州园林中，也是不可缺少的装饰。颐和园、故宫里的御花园等庭院中，就有许多这样美丽的太湖石。

太湖石

太湖石是怎么生成的？不懂科学知识的古人不明白。南宋著名诗人范成大在《太湖石志》里解释说："太湖石，石生水中者良。岁久波涛冲激，成嵌空石……名曰弹窝，亦水痕也。"另一个名叫李斗的人，也在《扬州画舫录》中说："太湖石乃太湖中石骨，浪激波涤，年久孔穴自生。"

按照他们的说法，奇形怪状的太湖石都是波浪冲击形成的。他们不知道这是一种微型喀斯特地貌景观，是石灰岩经过长期溶蚀形成的结果。古人没有学过地质学，有这样奇特的幻想也算不错了，不能责怪他们。

太湖石在皇宫内院和达官贵人的庭院中虽然十分尊贵，但在山野里却不算一回事。

在炎热湿润的南方，石灰岩原野中有这种石头一点也不稀奇。

苏州狮子林古典园林风光

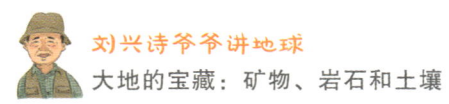

可是常言道"物以稀为贵"如果把它搬运到庭院中，特别是北方的皇宫、府邸，经过一番精心布置，一个个就变为了不起的宝贝了。

"物以稀为贵"是一个原因。美需要发现，也是一个重要的道理。

溶 孔

溶孔是太湖石最基本的"构件"，这是石灰岩溶蚀生成的玩意儿。在炎热湿润的南方，石灰岩溶蚀作用很强烈。凹凸不平的岩石表面，经过强烈的溶蚀作用，一些部位很容易被溶蚀并逐渐变薄，最后前后贯通，就成为蜂窝似的一个个大大小小的孔洞了。

针对这些奇特的孔洞，还有人编了一些离奇的故事。例如重庆附近的华蓥山一个旅游景区内，就说这里是传奇人物"双枪老太婆"练习射击的打靶场。大家虽然明知是假的，可也看得不亦乐乎。

小卡片

石灰岩、白云岩

石灰岩和白云岩都是碳酸盐类的岩石。石灰岩的主要成分是碳酸钙。白云岩的主要成分是碳酸镁。石灰岩容易溶解，白云岩不易溶解。石灰岩溶解后，形成石林、落水洞、溶洞、溶蚀盆地等千奇百怪的喀斯特地貌。著名的桂林山水、路南石林等，都是喀斯特风景区。长江三峡的瞿塘峡、巫峡、西陵峡等几个峡谷段，也是石灰岩经过长江的冲击而形成的。

第十一章
汉白玉、大理石

天安门前高高竖立的华表，是用什么材料做的？

汉白玉。

天安门广场上的人民英雄纪念碑，是用什么材料砌成的？

也是汉白玉。

走进北京故宫博物院，走遍全国的名山大川，我们看到许许多多精美的牌坊、石刻，几乎都是用雪白光洁的汉白玉制作的。

汉白玉、汉白玉，耳朵都听得发热了。请问，汉白玉到底是什么东西？

人们想：汉白玉就是汉朝的白玉吧？

有人说："是啊！是啊！就是这样的。"

这样说，有什么根据？

他们说，咱们中国从汉朝开始，就用它修建宫殿，所以就把它叫作这个名字。

有人听了说："呵呵呵，弄错了。汉朝和现在八竿子也打不着。古往今来，不知有多少汉白玉的制品，难道都是从汉朝时批发

汉白玉雕刻的护栏

来的吗？"

哈哈哈哈！如果真是这样，汉朝可以开一个汉白玉批发公司了。皇帝当董事长，丞相做总经理，保证畅销五湖四海，生意好得很。

到北京前门大栅栏去问古董店的玉石老师傅吧。

老师傅说："汉白玉就是旱白玉呀！"

原来这是缘于水白玉的一个品种。水白玉常常在河床里被发现，所以被叫作水白玉。后来在北京远郊的房山区，人们也发现了同样的品种，就顺口叫它旱白玉了。

汉白玉的来历，到底是和汉朝有关系，还是什么旱白玉，不用多说了吧。反正我们在全国各地看见的，统统是"Made in China"。这就足够了，还管什么汉朝和水呀旱的争论呢。

汉白玉到底是什么东西？让地质学家来回答吧。

地质学家说，这就是大理石的一种嘛。大理石是石灰岩变质生成的大理岩，其中一种白色大理石就是汉白玉。

汉白玉到底是什么东西？请云南老乡回答吧。

云南老乡骄傲地说："这是咱们家乡的特产，欢迎大家来看看。"

云南那么大，到什么地方去看？

云南老乡说："到大理来呀！大理的大理石最好，所以这个地方就叫这个名字。走遍全世界，用特殊岩石做地名的，没有一个有这么响亮的。"

这话说得不错，大理出产的大理石质量特别好。不信，请到大理城外的洱海边，瞻仰一下一千多年前修建的崇圣寺的三座白塔，崇圣寺的白塔就是用当地的大理石修造的。

为什么大理石那么洁白？

因为它原本是石灰岩变质而来的呀！石灰岩的主要成分是碳酸钙，本来就是白的嘛。变质成为大理岩后，一粒粒碳酸钙的结晶，就更加洁白晶亮了。

大理石都是白的吗？

那不见得！如果大理石含有一些杂质，就能生成深深浅浅的花纹，更加活泼好看。把它切开磨光，就是一幅幅天生的水墨山水画。成都理工大学博物馆里就有这么两幅巨大的大理石水墨山水画，欢迎大家来观赏。

小卡片

大理石的用途

大理石的材质不硬也不软，非常适合雕塑造型，自古以来就是最好的雕刻原料。古今大大小小、各式各样的大理石艺术品，显示出美的风采，极富感染力，更加增添了它的价值。

大理岩

大理石也是很好的建筑材料，新房子里铺上漂亮光洁的大理石地板，来一些精致的大理石装饰，是再好不过了。

第十二章
摩崖石刻的岩石学背景

　　咱们中国是"石刻之国"。不管北方和南方，到处都有宏伟壮观的摩崖石刻以及精美绝伦的碑铭。无数大大小小的石刻精品到处分布，令人叹为观止。例如大同云冈石窟、洛阳龙门石窟，以及四川盆地里的乐山大佛、大足石刻等，都是名扬四海的石刻造像。以石刻造像来说，绝大多数都和佛教有关。请问，这是怎么形成的？

　　不消说，这和文化艺术水平、技术条件、经济基础，以及不同时期崇尚佛教有关系。可是仔细分析一下，还有不可缺少的岩石学背景呢。

　　话说到这里，没准儿有人会问："石刻就是石刻，还需要什么岩石学的背景？"

　　当然有关系啰！让我们先说几个最基本的问题吧。

　　常言道："巧妇难为无米之炊。"石刻必须有石头才成，要不还能叫作石刻吗？由此又引出一个问题，有石头就有石刻吗？

　　呵呵呵，这是最基本的条件嘛，还用得着多说吗？

　　提问者不甘心，接着再问："不管什么石头都能进行石刻吗？"

云冈石窟

从理论上来说，这话似乎没有错。可是进一步仔细推敲，那就不一定了。想一想，就是在街边小店刻一个图章，也得选用好石头，不是什么石头都适合雕刻的。

那到底什么石头才适合雕刻呢？

简单说，用作石刻的石头，必须满足坚硬、细致两个最基本的条件。松软的泥岩、页岩，以及由鹅卵石或乱石块胶结形成的砾岩、角砾岩，当然就不成了。

你看，云冈石窟的长石石英砂岩，龙门石窟的石灰岩，乐山、大足的砂岩，泰山、华山、黄山的花岗岩，就都是石刻的好材料。如果要雕琢巨大的石刻造像，还得要岩层足够厚才成。

让我们用著名的乐山大佛来说明吧。

乐山大佛刻凿在临江的崖壁上。地质学家报告，这儿的地层

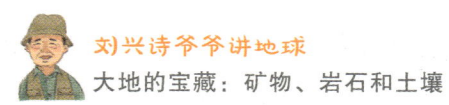
是坚硬的白垩系夹关组紫红色砂岩，非常适合摩崖石刻。山有多高，它就有多高。

这是一尊坐佛，刻凿在临江的崖壁上，呈分腿坐姿，从上到下有71米。如果站起来，没准儿会超过100米。

大佛的头10米宽，耳朵有7米长，眼睛长3.3米，眉毛长5.6米，鼻子也是5.6米长，肩宽24米，手指8.3米长，脚背有8.5米宽，可以坐下100人。乐山大佛号称"山是一座佛，佛是一座山"，是世界上最大的弥勒佛坐像。

乐山大佛

要雕刻出这么巨大的大佛，岩层薄了可不成。这尊大佛就是刻凿在当地的白垩系夹关组紫红色砂岩上。这种岩石非常坚硬细致，从上到下岩层很厚，便于刻凿。大佛完成后，人们为了保护它，曾经修造了一个高高的楼阁遮盖住佛像。可惜在明末战乱中，被张献忠一把火烧个精光。今天看见大佛两边崖壁上的许多孔洞，就是当年建造楼阁时，穿插梁柱的地方。

楼阁被毁后，大佛就暴露在光天化日之下了，几百年间饱受风雨侵蚀破坏，佛身受到损伤，许多地方弄得面目全非，实在太可惜了。

我国境内的摩崖石刻，还有各种各样的题词和铭文，属于文字石刻珍品，具有很高的文学艺术价值。而以石刻造像来说，绝大多数表现的都是佛教的内容。这和一些历史时期社会普遍崇尚佛教有关系。仔细观察北方和南方的石刻造像，风格有些不一样。北方石刻造像大多庄严稳重，带有明显的印度风格。南方一些地方的石刻造像，面貌却有些不一样。

记得在 20 世纪 80 年代，著名英籍作家韩素音参观大足石刻后曾就此问题问我原因，我告诉她，北方石刻造像是汉明帝派人

大足石刻

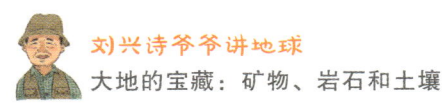
到印度学习佛教，沿着"北方丝绸之路"这条"官府"大道正式传进来的，受了印度造像风格的影响，所以表现手法凝重、肃穆、简洁。南方佛教却是沿着民间开辟的"南方丝绸之路"传来的，增添了许多民间的因素，所以大足石刻有媚态观音，以及许多表现民间生活的成分，当然就不一样了。

我这样解释，不知道大家同意吗？

 小知识

乐山大佛的故事

乐山大佛坐落在岷江、青衣江、大渡河三江汇聚的凌云山麓，那里水势非常凶猛。特别是夏天洪水滔滔的时候，江水直冲山脚的崖壁，常常造成船毁人亡的悲剧。有一个名叫海通禅师的和尚来到这里，瞧见江水十分凶猛，为减弱水势，普度众生，就动用人力、物力，准备修凿一座大佛来镇住它。

这个工程从唐玄宗开元初年（公元713年）开始动工，当大佛修到肩部的时候，海通禅师就去世了。海通禅师死后，工程一度中断。隔了许多年后，他的徒弟才带领着工匠继续修建。由于工程浩大，经费不足，不久又停工了。40年后重新开工，经过三代工匠的努力，直到唐德宗贞元十九年（公元803年），前后历经90年时间才最后完工。

修造这样一座大佛，得要有钱呀！海通禅师就走遍天下到处募捐。佛像动工后，有一个地方官派人前来索贿。海通禅师挖了自己一个眼珠放在盘子里给他，严词拒绝说："眼珠可剜，佛财难得。"那个贪官大吃一惊，想不到为了修造这个大佛，海通禅师居然献出了自己的眼珠。人们闻讯非常感动，纷纷捐献钱财支持他全心全意修造大佛。

第十三章
花山石窟之谜

黄山下有一个神秘的花山石窟，又名古徽州石窟，自古以来就是皖南一绝。

说起石窟，人们就会想起有名的云冈石窟、龙门石窟。这儿也是那样的吗？

不，这儿没有艺术水平高超的石刻造像，而是一个个空荡荡的洞室。走进去一看，一间间宽敞的石屋、大厅和长廊相互套生连接在一起。所有的洞廊和洞室都是方方正正的，墙壁和洞顶布满清晰的刻凿痕迹。一眼就可以看出来，这是人工开凿出来的。这儿同样的石窟不止一个，几乎把整座山的肚皮都掏挖空了。严格来说，是一个规模宏伟的石窟群。

其中的 35 号窟，有 170 米深，面积达到 12000 平方米，简直像是一座地下宫殿，是全国最大的古代人工石窟。里面有 26 根巨大的石柱，还有双层楼阁、池塘、石桥和许多石屋，一些地方还有置放油灯的小小壁龛。据说洞中水池可以和外面的新安江相连，水源取之不竭，用之不尽，真是巧妙极了。

再看2号窟，它有146米深，面积约4800平方米。里面洞中套洞，廊中有廊，还发现了几件晋代的陶器和油灯等文物。其中有一个名叫"二十四柱"的石窟，洞顶上方发现上下两行神秘的图形符号，没有人能解读出来。

这样规模巨大的岩洞密布在附近山区，仅在黄山脚下的屯溪、烟村一带就有72处。这些人工开凿的石窟是什么时候、什么人、出于什么目的开凿的？史书上并没有记载，真是千古疑谜。

有人说，这是开采石料而留下的石窟。经过长期开采后，渐渐将整座山掏空了。

可是开采石料何必这样麻烦？露天开采岂不更加省事？洞中的石屋、楼阁、水塘、石桥，薄薄的石墙、平整的石壁，以及只有一个出入洞口，也不能用采石来解释。

有人说，这是用来屯兵的，实际上就是一种"屯兵洞"。洞内

花山谜窟

一根石钟乳经中国科学院武汉岩土所测定，其放射性年龄在距今大约 1600 年，相当于南北朝时期。当时战乱很多，这一带正是保卫南朝首都金陵（南京）和江防的兵家要地，不排除曾经在这里开辟岩洞，秘密驻军练兵，这里是南朝的一个军事要塞。

可是开凿这样大规模的石窟群，需要动用许多人力物力，花费漫长时间，为什么在历史上没有记载？古时作战不必防备炮火和轰炸，有什么必要开凿这样大规模的地下屯兵处所？也没法解释清楚。

有人说，这是储藏粮食的秘密仓库。古代无论战争与和平时期，粮食都是一国之本。修建这样坚固的粮仓，不怕火烧，似乎非常保险。

可是这和屯兵说存在的问题一样，似乎也没有必要在这样的深山里专门开凿石窟储藏粮食。加上在其中的 2 号窟、35 号窟内都有水塘，洞内非常潮湿，怎么可能储藏粮食呢？

有人说，这是徽商屯放盐和其他货物的地下仓库。明、清两代徽州商人财力甲天下，开辟这些石窟完全不成问题。可是盐最忌潮湿，石窟里面比外面潮湿得多，怎么可能在这里专门开凿石窟储藏食盐呢？

有人说，这是用来避难的。古时候这里位置偏僻，人迹罕至。大约在战国时期，这一带出现了穴居人，并在洞顶留下了难懂的图画文字。后人发现了这些可以居住的岩洞，便逐步扩大，使之成为躲避战乱的秘密藏身处所。岩洞开凿时期，应该在战乱较多的东汉末年至南北朝时期。这样逐渐扩大洞穴的推想，可以从洞壁上下不同的凿痕得到证明。洞内有水池、通风口、放置油灯的石孔，加上许多石柱都被凿成足形，石柱下端延伸出的方墩一律指向洞口，具有指示方向的作用，这都足以充分证明这儿是供人

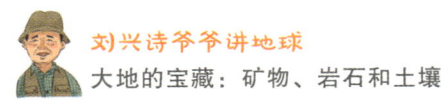

们秘密居住的地方。

开凿石窟的目的是躲避战乱，自然需要严守秘密，当然不会留下公开的记载。后来，了解情况的人们一一逝去，石窟的秘密也永远湮灭在岁月的尘埃里了。

还有人猜测，这些石窟可能是皇帝的陵墓。只有皇家陵墓，才可能修造成这样规模宏伟的地下工程。

可是这里已发现的石窟就多达 72 处，短短的南朝哪有那么多皇帝？这里距离京城遥远，并非哪一朝皇帝的老家，有什么必要把许多皇帝都埋葬在这里？

又有人以为这可能和宗教有关系。道家喜欢住在洞穴修身养性，没准儿这是道家的一处福地，也可能是其他宗教的活动场所。

可是洞中没有任何神道和宗教的图画塑像，这儿历来也不是有名的宗教圣地，这个说法也缺乏依据。

此外，甚至还有荒诞无稽的外星人建造说。更有人无视古代文明的技术水平，不负责任地东拉西扯，说什么这里地处神秘的北纬30 度，和埃及金字塔、百慕大三角在同一纬度上。这是宣扬伪科学，完全没有讨论的价值。

我在这里仔细考察后，基本支持避难说与采石的说法，但是情况并不是这样简单。三国时期居住在浙西皖南一带的山越人，的确有穴居的习惯，不排除最早有开凿石窟居住的可能性。特别是南北朝时期以来，战乱不断，兵匪为祸，以避难为目的开凿石室容易理解。随着历史条件的变化，在社会环境逐渐安定，经济逐渐发达的新条件下，转变为以采掘石料为主，也是可以理解的，不能简单机械地将石窟的成因归于某一个单纯的目的。

当时，徽州一带修建民居、桥梁、牌坊、坟墓、道路，以及一些水利工程，都需要大量石料。从这里还可以通过新安江，将石料运输到浙西各地，因而在此开凿石料是必要的。随着时代的发展，各种各样的原因促进了这里石窟群的发展。古徽州城下的唐代渔梁坝，是我国现存仅有的古代石质滚水坝，号称"江南都江堰"，应该就是用从花山石窟开采的石料修建的。

安徽渔梁坝

你知道吗?

花山石窟的岩层背景

花山石窟的岩石主要是侏罗系洪琴组、炳丘组的岩屑砂岩、含砾砂岩。岩性坚硬，岩层比较厚。这是良好的建筑材料，没有这样的岩石基础，就不能开凿成如此规模的石窟群。需要一提的是，附近还有特殊的砂岩石林景观，也是同样的岩石形成的。

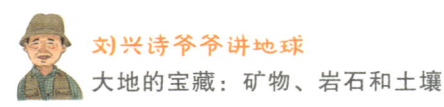
 **小知识**

花山石窟和南京石头城

　　花山石窟和南京石头城没有一丁点儿关系。可是有一位专门研究文学的教授发表意见说，花山石窟开采的石头，被用来修建南京石头城了。这个说法后来流传开来，必须在这里说清楚。

　　石头城是三国孙权时代，在江边一个名叫石头山上修造的一座古城，并不是南京城。今天所见的南京古城墙，修建于明代，除了墙基是真正的石头，上部城墙统统是砖砌的。从保证质量的责任制出发，每批城砖上都刻有输送地点以及负责的官员、工匠姓名。再说了，城基的石料主要来自当地的早第三纪浦口组赭红色砂砾岩，与花山石窟的岩石不是一回事。

第十四章
古代蜀族"石室"的争论

李白在《蜀道难》中说:"蚕丛及鱼凫,开国何茫然!尔来四万八千岁,不与秦塞通人烟。"

蚕丛是谁?就是生活在西边龙门山中的岷江河谷里,成都附近三星堆古蜀族最早的祖先。他们在那儿的生活情况怎么样?有书为证。

一本古书《蜀王本纪》中记载说:"蚕丛始居岷山石室中。"

这段话流传下来,就成为古时当地人居住状况的主要根据。本地考古学家纷纷考证,大多数认为,"岷山"不消说就是龙门山。顾名思义,"石室"就是"石头房子"。当时蚕丛带领的古蜀族,就居住在这样的"石室"里。

那是什么样的"石室"?有人说,那就是洞穴嘛。你看,北京猿人、山顶洞人都住在洞穴里。从字面理解,蚕丛的"石室"必定也是如此。

真是这样吗?那才不见得!

作为曾经在这里长期工作,几乎走遍所有区域的地质工作者,我需要向大家报告的是，这一带沿江出露的岩层，主要是一套古生代至中生代的浅变质岩，以千枚岩为最多。也有一些更加古老的元古界变质岩类，以片岩和板岩为主。虽然也有过去地质时代的石灰岩，但全都浅变质结晶化了，绝对不能溶蚀生成常见的巨大溶洞，供人们居住。

请注意，我说的是"绝对"，就是说根本不可能！道理很简单，没有石灰岩，怎么可能生成溶洞？

不是洞穴，还会是什么？

请大家换一种思路吧，是不是利用特殊的石材修砌的"石室"？

这倒是可以的！而且应该是这样。

这里到处分布着变质生成的板岩和片岩，特别是当地常见的震旦系陡山沱组板岩，或更早的黄水河群绢云母石英片岩、石墨片岩、阳起石片岩等。这些岩石经过风化后，很容易一片片自然剥落，堆积在山坡上，它们又宽又平，好像是厚薄不一的天生石板。有这样好的天然建筑材料不用才是傻子。

聪明的蚕丛或其他首领，很可能看上了这些天然的石板和石片，指导民众用来搭建特殊的"石头房子"，就形成古书上所说的"石室"了。

今天在这一地区可以看见，到处都是用这种板岩和片岩做瓦、石头砌墙的石头房子，还有碉楼、围墙等，这些建筑成为当地羌族和藏族特有的建筑形式。有这样天生的一片片、一块块的建筑材料不用，那才奇怪了。如果按照一般说法，古蜀族属于羌族体系，很可能蚕丛就是首先发明这种"石室"的老祖宗。

古时这里还有不少用大石板砌成的石棺墓，所谓"戈基人"之墓。这些砌墓的大石板，显然也是成层剥落的板岩石板。这种

四川省阿坝松岗碉楼

就地取材的特殊房屋和墓室建筑，会不会是古蜀文明的一个特点？

遗憾的是不管我们地质工作者怎么说，一些考古学家就是不相信，习惯了从"前人"以及"前人"的"前人"写的文章中，引经据典找根据，不愿意走进实地现场考察一下。

请让我也在这里引用几位"前人"的话，说一说认识论的观念吧。

王安石说："读书谓已多，抚事知不足。"

陆游说："纸上得来终觉浅，绝知此事要躬行。"

培根说："读书补天然之不足，经验又补读书之不足。"

归根结底一句话，实践出真知。读万卷书，还得行万里路。认识上的什么问题，不能唯古是从，不是任何"前人"的片言只语所能决定的。时代在进步，必须相信相关的科学。所以我在参与成都理工大学的校训制定中，坚持主张使用了"穷究于理，成就

于工"这八个字。意思是说，读书不能不求甚解，必须挖根问到底。但是这样还远远不够，还必须认真结合实践，才能真正有所成就。顺便说一下，其中还包含了"成理工"三个字。

小卡片

板岩、片岩、千枚岩

这三种岩石都是变质岩。

板岩是以泥质和粉砂质成分为主形成的一种变质岩，板状劈理发育得十分成熟，可以一块块剥落下来，作为建筑材料，或者石碑、砚台的原料。

片岩的特征是具有特殊的片状构造，比板岩薄，也可以一片片剥落，作为屋瓦等建筑材料。

千枚岩的特点是具有特殊的细粒鳞片变晶结构，以及千枚状构造。

板岩

板岩和砚台

笔、墨、纸、砚"文房四宝"中，砚台质量的好坏和岩石息息相关。虽然古代也有铜砚、玉砚、陶砚和泥砚，但是最好的还是人人喜欢的石砚。

历史上有名的砚台包括端砚、歙砚、洮砚、澄泥砚。这"四大名砚"中，除了澄泥砚外，其他基本上都是用板岩制作的。这种岩石细腻致密，能够"贮墨不涸"。唐代文学家陆龟蒙在一首诗中说"坐久云应出，诗成墨未干"，就是最好的写照。

其中，产于古代端州（今广东肇庆）端溪的端砚取材于绢云母泥质板岩。欧阳修被贬到安徽滁州当太守的时候，在城外琅琊山半山腰上修建了一座醉翁亭，在这里写下了著名的《醉翁亭记》，就是用笔蘸着一方端砚里的墨汁写的。

产于古代歙州（今安徽歙县、江西婺源一带）的歙砚，甘肃洮河的洮砚，也都取材于板岩。

此外，号称贺兰山红、黄、蓝、白、黑的"贺兰五宝"之一的"蓝宝"——贺兰砚，砚体也是含石英的粉砂质板岩。

在古代名砚中，除了用板岩制作，也有用同样细腻的泥岩、页岩制作的砚台。如有名的苏州澄砚，就取材于二叠纪的一种泥质岩石。

第十五章
天上落下来的石头

陨石也是一种石头。只不过来自天上，而不是地球。

宋代大科学家沈括在《梦溪笔谈》里，记述了一件奇怪的事情。

北宋英宗治平元年（公元 1064 年），在今天的江苏常州，太阳快要落山的时候，忽然天空中发出一阵打雷似的巨响。人们瞧见一个巨物从东南方斜飞向西南方。不一会儿又传出一阵响声，巨物坠落在宜兴县一个姓许的人家的后院里。坠落物烧着了竹篱笆，远近都能看见熊熊火光，把人们吓坏了。

一会儿火光熄灭了，人们大着胆子走近一看，只见地上被撞击成一个坑，里面有一个红彤彤的东西，这就是天上坠落下来的物体了。它似乎还在燃烧，热力逼得人们不能走近。

又过一阵子，它也渐渐熄灭了，人们才敢拿起锄头把它挖出来。原来是一块圆溜溜的黑石头，用手摸着还有些微微发烫呢。

州官郑伸也来了，认为这是天赐的吉祥宝物，连忙把它恭恭敬敬送到润州（今天的镇江市）金山寺里收藏，引来无数好奇的人前来拜谒参观。

沈括记述的这块天上飞落的烫石头是什么？就是陨石呀！

咱们中国早就有陨石的记录了。有一本叫《竹书纪年》的古书，记录了公元前 1809 年出现在夏代的一次流星雨，有"帝癸十年，五星错行，夜中陨星如雨"的记载，把时间和具体情况写得一清二楚，是世界上最早的陨石记录。

从这以后，有关陨石的记载越来越多，留下许多趣闻。随便翻看几本书，就有许多例子。

南北朝时期，陈后主祯明二年（公元 588 年）五月，天空中忽然轰隆隆一阵巨响，落下一个斗一样大的怪物，原来是烧红的陨石，不偏不倚正好砸进一个铁匠作坊的火炉里。只听得砰的一声，砸得炉子里的铁汁飞迸，引起一场熊熊大火。

元英宗至治元年（公元 1321 年），发生了一场陨石雨，陨石击穿许多房子，砸死许多人，还砸碎了山上的巨石。谁遇着，谁倒霉。

美国亚利桑那州沙漠北部的一个陨石撞击坑

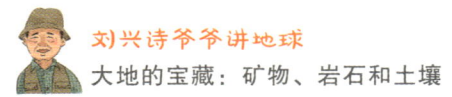

明世宗嘉靖十二年（公元 1533 年）十月，镇江大白天落下一场陨石雨，吓得船夫们不敢开船。同一天，广东潮州、海南岛琼州也出现同样的现象。由此可见这场流星雨的规模有多大。

明熹宗天启六年（公元 1626 年）闰六月二十一日晚上，一颗火流星从西南方向飞来，坠落于山东登州的城楼上，轰的一声砸中了火药库，立刻引起爆炸。房屋倒塌了，压死了一些值班军士。

1976 年 3 月 8 日下午发生的吉林陨石雨，人们更加记忆犹新。在将近 500 平方千米的范围内，落下来 100 多块大大小小的陨石。

陨石是从哪儿来的？古时候迷信的人们认为天神生气了，就会扔几个小石头。还有人以为这是上天对人间的警示，如果什么地方要出事了，相应的区域就会落下石头，提醒人们注意。就连春秋时期有名的历史学家左丘明在《左传》里，也煞有介事地认为一次陨石坠落，预示鲁国和宋国将会发生政局变动。倒是战国时期的荀子说这不过是"天地之变，阴阳之化"，没有什么可怕的。可怕的是农耕失时、政令不明、礼义不修的人祸。

其实陨石一点也不稀奇。晚上仰望星空，也许能瞧见一颗小小的流星，拖着长长的尾巴，从天空中坠落下来。它落在某个地方，被人们发现，就是陨石了。

话说到这里，人们不免有些担心。天上有这么多的陨石落下来，万一砸在脑袋上怎么办？不被砸死，也会骨断筋折，真是祸从天降呀！

放心吧，陨石砸在脑袋上的概率小得几乎用不着考虑。别瞧天上一颗颗流星落下来，当它们穿过地球大气层的时候，由于速度很快，会摩擦燃烧，这就是我们看见流星总是拖着发光尾巴的原因。摩擦燃烧的结果是，无数小陨石还来不及到达地面，早就烧得精光了。拾起一块陨石看，表面总是烧得黑乎乎的，这就是最好的证明。人们有了头顶上的大气保护盾牌，还有什么好怕的？

陨石来源于太空。有的是小行星破碎后形成的，有的是彗星碎片。1872 年 11 月 27 日，比拉彗星飞过的时候，引起一场壮观的流星雨，整整持续了 6 个小时。13 年后的同一天，它又出现了，带来同样一场流星雨，就是最好的证据。

我国古代十分注意天象，陨石也是关注点之一。在历朝历代的历史书，各地的方志，以及许许多多的文人笔记中，都不放过陨石的记录，我国是世界上陨石坠落记载最多的国家。如果在这里将它们统统罗列出来，就会是厚厚的一本书。

小卡片

陨石的种类

天上坠落的陨石，是不是全都是石头？

不，陨石的成分非常复杂。有的是石头，有的是铁，还有石铁混合物。

世界最大的铁陨石是非洲的戈巴陨铁，重 60 吨左右。我国新疆的"银骆驼"陨铁，重 30 吨左右，位列第三。

世界最大的石陨石是吉林陨石雨的一号陨石，有 1770 千克重。美国的诺顿陨石重 1079 千克，为世界第二。

世界最大的石铁陨石是山东莒南的"铁牛"陨石，它有将近 40 吨重，是名副其实的世界冠军。

第十六章
笑掉大牙的假陨石故事

常言道："物以稀为贵。"天上落下来的陨石，不是咱们地球的土特产，可遇不可求，当然就身价百倍啰。

这一来，形形色色的假陨石就一个个冒出来了。仅仅我就遇见了十多起。有的是爱好者的误会，常常兴致勃勃跑大老远送来鉴定，说清楚情况也就算了，这些爱好者虽然空欢喜一场，但是探求科学的精神还是值得肯定的。可有些就不一样了，请听我讲两件事吧。

1985 年，我担任成都附近邛崃县的项目开发顾问，在一些当地官员的陪同下，来到城内有名的文君井公园参观。一眼瞧见场馆厅堂正中央，摆放着一块石头，标签上写着"天落石"三个大字，说是天上落下来的陨石，为该地的"镇馆之宝"。

这明摆着就是当地和名山县（今名山区）之间广泛分布的第四纪更新世"名邛砾石层"的一块巨大砾石。我不知在这一带考察过多少次，"名邛砾石层"这个名字就是我命名的，并将它写进论文和专著，得到学界普遍承认。这是山洪冲来的鹅卵石，怎么能当成是天上坠落的陨石？

鹅卵石

我提出意见，身边一个工作人员连忙解释说："这是从前一位老和尚说的。"

我问他："你们相信和尚，还是相信科学？"

一位县领导立刻表态说："撤掉！赶快撤掉！"我点头放心走了。想不到20多年后，一个记者带我来，发现这块"天落石"依旧原封不动地放在原地，照旧还是这儿的"镇馆之宝"。迷信的顽固力量不是一天两天能够铲除的，大大妨碍了科学普及。这件事真值得深思。

另一个关于"陨石"的笑话，来自文物市场。记得在两年多前，一个记者邀我去鉴定几块"非常重要"的"陨石"。驱车来到彭

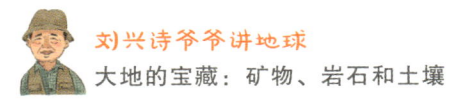

州一个农民的小院，那位"陨石"收藏家笑容满面地把我们迎接进去，展示了他收藏的一大堆珍贵"陨石"。

请注意，这不是一块、两块，而是一大堆。看来天上的神仙特别照顾他，在他家周围投放了这么多罕见的天外礼物。

其中一块，据他说是"火星陨石"，连通常的熔壳和气印也没有，就是一块奇形怪状的石头。为了说明这是真的，他把这个玩意儿放进一个玻璃罩里，放在太阳下烘烤，不一会儿就蒸发出许多水分，他一本正经地说："这就是来自火星的证据。"

哈哈！根据航天观测，火星表面干燥得没有一滴水，这么丰富的水蒸气是从哪儿来的？这能说明什么？

做完了这个所谓的"科学实验"，他不无自傲地说："有人开价上千万元，我不会卖。这块'火星陨石'按理值上亿元。我这人不贪，但是起码也要5000万元才能出手。"

为了证明货真价实，他拿出了一份成都某文物市场一位所谓专家的鉴定书，作为"过得硬"的证明材料。

我问他："有南京紫金山天文台那样正规天文研究机关的鉴定吗？"

他回答说："我到过那里，他们说这就是真正的火星陨石，世界上只有这一块，价值很高。"

我问他："有鉴定书吗？"

他说："天文台说，开鉴定书要花很多钱。考虑到我花费了不少路费，就照顾我不用开了。"

为了证实自己的话，他又掏出一张站在紫金山天文台大门外拍摄的照片，作为到过那里的证明。看来这位收藏家的准备非常充分，就只差到联合国教科文组织门口，也咔嚓拍一张同样的照片了……

同样的案例还有很多。由北京天文馆参与主办的《天文爱好者》杂志刊发文章，指出某地的陨石拍卖会上拍卖的陨石没有一个是真的，竟引起一些人不满，说这是造谣污蔑，不懂陨石，甚至建议撤销北京天文馆。

唉，破除迷信，宣传科学，真的还任重道远呀！

小卡片

雷公墨

雷公墨，这是古代广东雷州半岛一带的人们对雷雨后在泥土中发现的一种黑色玻璃质岩石的称呼，认为这是雷电造成的。其实这是一种特殊的玻璃陨石，也有人说是陨石冲击地球所形成的一种熔融石头。

第十七章
社稷坛上的"五色土"

喂，朋友，到天安门广场去参观，可别忘记看看天安门西侧的中山公园。

顾名思义，中山公园就是纪念革命先行者孙中山先生的地方啦！

这样说，也没有错。在这个公园里，竖立着孙中山先生的铜像，有花有草，是一个美丽的公园。这儿还有一个第一次世界大战后，题写着"公理战胜"，后来改名叫"保卫和平"的汉白玉牌坊。除了这些，还有一个十分著名的场所。

知道吗？这是从前的社稷坛。

人们都知道北京城内有天坛、地坛、日坛、月坛、先农坛。但有人还不知道社稷坛呢，得要认真看看才成。

天坛祭天，地坛祭地，日坛祭太阳，月坛祭月亮。先农坛祭祀教民耕种的神农氏——我们自古是农业国家嘛，不好好祭祀一下他，那可不成呀！

社稷坛祭什么呢？

请你先仔细琢磨一下"社稷"这两个字吧！

"社"是土地，"稷"是谷物。土地和谷物是一个国家社会的根本。没有土地，算什么国家？没有粮食，老百姓吃什么？不认真祭拜土地神和谷物神，这行吗？

社稷坛实在太重要了。到底有多重要，请看一看它的位置就明白了。包括著名的天坛、地坛在内，在北京城内所有的祭坛都摆放得远远的。社稷坛却紧紧挨靠着皇帝居住的紫禁城，和天安门东边祭祀皇家祖宗的太庙（今天的劳动人民文化宫）左右对称，按照古老的《周礼》"左祖右社"的说法排列，显示一种最重要的礼制观念。这儿是古代全城心脏所在的地方，地位显赫，由此可见它有多么重要。

这个祭坛还可以与有名的天坛相提并论。走进去一看，外表

北京中山公园社稷坛

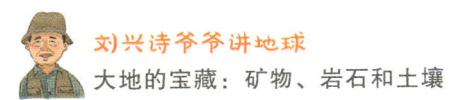

却大不一样。天坛是圆圆的，它却是四四方方的，这体现了古人"天圆地方"的传统观念。两相比较好好想一想，这还包含着原始朴素的天文学与地理学的认识呢。

它和天坛不同的，不仅是"圆"和"方"的问题，在建筑风格上也有很大的区别。二者同样是汉白玉栏杆或石台围绕，一层层阶梯向上抬升，外表非常庄严，可是在精心修砌的平台上，天坛耸起一座举世闻名的圆形宏伟建筑，这儿却空荡荡的什么也没有。人们不禁会问，这是怎么一回事？莫非人们忘记修建，要不就是后来被毁坏了？

不，这里本来就没有什么建筑物。要说有什么像样的东西，那是原来有一根石头方柱子，竖立在坛台中央，名叫"社主石"，又称"江山石"，用坚硬的石头表示"江山永固"的意思。

其实在这儿最最重要的，是全国各地进贡来的"五色土"。"五色土"仔细地铺在祭坛上，这才是整个社稷坛的灵魂，国家权力的象征。

你看，中间是黄色，东方青色，南方红色，西方白色，北方黑色。五种不同颜色的土壤，整整齐齐分布在中央和四方，所以叫作"五色土"。在祭坛四周修建的四色琉璃墙，东边蓝、南边红、西边白、北边黑，四面各自竖立着一个汉白玉牌坊，显得十分庄严肃穆，也含有同样的意思。

好奇的孩子们没准儿会问，真有这样不同颜色的土壤吗？

当然是真的！

我们都知道，包括黄土高原、黄河中下游的中原大地，到处都是黄土地。可是在别的地方，土壤颜色就不是这样了。

你看，在寒冷的"北大荒"，分布着厚厚的黑土，拖拉机翻土的时候，好像卷起了层层黑色的波浪。炎热的南方原野到处都是红土，好像是用红色颜料涂抹过似的。潮湿的东方土壤颜色有些发青。干旱的西部缺乏有机质，土壤就普遍发白了。"五色土"是一个最好的模型，包含了全国的神圣疆土，也表现出咱们国家四方土壤的真实分布情况。社稷离不开土地，这也是对它最好的总结呀！

"五色土"不仅显示了全国土壤的颜色，还包含了古代"普天之下，莫非王土"的意思，以及金、木、水、火、土为万物之本的五行观念。认识中国的土壤，了解四面八方的自然环境，应该从这里起步。这也向全世界宣示了咱们国家的主权，意义非常重大，包含的内容可丰富啦！

喂，朋友，你说呢，到了天安门广场，不去看看社稷坛里的"五色土"，好好认识一下不同的土壤，是不是太遗憾了？

你知道吗？

"五色土"的其他含义

有人说，"五色土"还有别的意思。

中央黄色象征黄帝的统治，东方青色象征东方的太昊，南方红色象征南方炎帝，西方白色象征少昊，北方黑色象征颛顼。四方不同的部落，辅佐中央的黄帝，有民族大团结的意思。

有人又说，东方青龙，南方朱雀，西方白虎，北方玄武，中央麒麟，也有一种地理学的含义。

第十八章
富饶的黑土地

茫茫的"北大荒"是富饶的"北大仓"。

"北大荒"是怎么变成"北大仓"的？这和当地的黑土分不开。

请你抓一把这儿的泥土看看吧。黑色的泥土似乎可以挤出油来，这就是黑土了。

在广阔的原野上，跟在翻土的拖拉机后面看一看吧。随着锋利的犁铧翻起的泥土，活像一层层黑色的波浪，赫然映现在人们的眼前。

从课堂里走出来的孩子有些不明白，书本上从来都说的是黄土地，怎么这儿变成了一片乌黑？是不是墨水被打翻了，还是浸透了黑色的油漆？

哈哈！泥土的颜色和墨水、油漆有什么关系！难道黄土地也是黄色油漆染的吗？

噢，真奇怪呀！为什么这儿的泥土这么黑，黑得像是爱美的人们染发用的名牌油剂？

开拖拉机的叔叔说："抓一把土仔细看看吧，秘密就在里面呢。"

"北大荒"黑土地上的湿地

　　听话的孩子抓起一把土细细一看，果真看出了其中的秘密。

　　这一把土似乎有些油腻腻的，和海边的沙子、自己老家的黄土都不一样。再一看，从深处翻起的泥土里，还含有许多没有完全腐烂的草根和树叶呢。全都是黑乎乎的，这就是泥土最好的"染色剂"。

　　开拖拉机的叔叔说："这是宝贵的腐殖质呀！泥土里有这么多腐殖质，不变成黑色才怪呢。"

　　是啊！是啊！这儿的土壤颜色，就是被腐殖质染黑的，难怪叫作黑土。这么多的腐殖质，就是最好的天然肥料，比人工施的化肥不知要好多少倍。

　　再仔细一看，土壤里一颗颗土粒，凝聚在一起，形成了特殊的团粒结构。不仅肥力高，土粒中间的空隙还能储存空气或者水。

水、气、肥聚集在一起，好像形成了一个个奇妙的微小肥料库。想一想，这儿的土壤不肥沃，那才奇怪了。

跟着拖拉机跑的孩子仔细看，快速翻滚的犁铧翻出的泥土统统是乌黑的，一丁点儿杂色也没有。

好奇的孩子问开拖拉机的叔叔："这儿的黑土有多厚，怎么见不着底呢？"

坐在拖拉机上的叔叔告诉他："黑土可厚呢！少说也有七八十厘米，有的地方还有一米多厚哩。"

噢，这么厚的黑土，可见积累了多少腐殖质，这儿的自然植被可沾光啦！

孩子又问："这儿的黑土需要灌溉吗？"

叔叔说："这儿泥土里的水分本来就很充足，哪还要什么专门灌溉呀！"

啊，黑土呀黑土，真是富饶的宝库，可谓大自然送给我们最好的礼物！难怪人们那么留恋这个地方。难怪有一年春节联欢晚

秋季东北黑土地上金色的稻田

会上，一个歌手唱了一曲《这片黑土地》，感动了那么多的人。

黑土地，我爱你！"北大荒"，我爱你！

"北大荒"是名副其实的"北大仓"，生活在这儿的人们真幸福呀！

黑土、黑钙土、栗钙土、棕钙土、灰钙土、黑垆土

这些土壤都是草原土壤。依照湿润和干燥程度，在我国北方的草原地带，从东向西排列分布。

黑土生成在温带的湿润地区，草原植物和水分都很丰富，分布在松辽平原中部。黑钙土分布的地方略微有些干燥，它在腐殖质层下面生成了钙积层，所以叫这个名字，分布在黑土地带的边缘。栗钙土更加干燥了，上面的腐殖质层更薄、含量更少，下面的钙积层更厚，分布在内蒙古东南部、呼伦贝尔草原西部，以及西北一些山区的山间盆地里。和前面几种土壤比较，棕钙土、灰钙土所在的地方最干燥。棕钙土主要分布在内蒙古高原中西部、新疆准噶尔盆地北部和中部，沿着栗钙土的边缘，东、西、南三面环绕着沙漠地带。灰钙土更加不用说了，腐殖质含量更少，分布的范围也更加接近沙漠了。

黑垆土是个例外。和黑土、黑钙土相比，其分布的位置偏于西边，主要处在黄土高原地带。虽然这儿气候比较干燥，可这儿是我国农业历史最悠久的地方。在特殊的黄土环境条件下，加上几千年长期耕种的人类活动情况，对土壤形成产生了非常深远的影响。疏松多孔的黄土，使草根可以伸展到土层很深的地方。植物死后留下的腐殖质，也能逐渐积累下来，大大提高了肥力。悠久历史的沉淀加上人类的积极作用，让它的特点在这儿得到最好的体现。

第十九章
华北平原的土壤分布规律

1957 年，我有些发愁。

那时候，我的老师，也是单位的顶头上司王乃梁先生，给我布置了考察华北平原其他地貌的任务。这里是一眼望不见的大平原，地貌差别很小，怎么完成这个任务呢？

这里是一片典型的冲积平原。眼前的地貌，统统是古往今来一条条河流来回摆动冲刷，一层层泥沙淤积而形成的。

俗话说："兵马未动，粮草先行。"又有一谚语说："不打无准备的仗。"怎么办？先动手收集资料吧。除了必需的一些基本材料和地图，我一脑袋扎进了图书馆，翻阅典籍，请老祖宗指点迷津。

找呀、找呀，一些值得注意的东西，从古今一些图书和文章中浮现出来了。

在河北中部一些地方的古代县志中，常常出现"无影山"的记载。

山就是山，山和人一样，都是有影子的。这些没有影子的山，是什么玩意儿呢？

难道压根儿就没有这回事，全都是捕风捉影的？既然这样，为什么又在许多地方正儿八经被记下来。这岂不是没事找事，自己哄骗自己吗？

除了这种神秘兮兮的"无影山"，还有一些带"洼"字的地名。

不，无风不起浪，其中必定有原因。

华北平原出产棉花和小麦。从一些农业调查的材料看，这两种最基本的农作物，往往种植分布得很有规律。一片片棉花产地，常常分布在小麦产地的两边。我想，这不会是偶然的，得要联系那个"无影山"，到现场去看看。

对照着手里的地图，一座座"无影山"终于"找到"了。可是找到又等于没有找到。地方就是那个地方，眼前却什么山的影子也没有，难怪叫这个名字。

这是一个地方的孤例吗？

不，华北平原的许多地方都有这种古怪的"无影山"。

仔细一看，哦，明白了。原来这是一些比周围略微高一些的"高坡"。说高，也不是太高，不过比周围高一丁点儿罢了。如果不是靠观测仪器的帮助，肉眼很难分辨。

值得注意的是，在这些比较高的"无影山"旁边，常常还有一些沙丘分布。在一排排沙丘之间，是早就干涸了的古河床。

这些"无影山"常常不是一个孤立的点，往往是一片相对比较高的地方。通过一道道平缓得几乎没法察觉的斜坡，通往下面的洼地。

说洼地，也不是像什么盆呀碗呀的底部，是十分明显的地形。

航拍视角下华北平原的庄稼与水渠

这些洼地非常宽浅，呈现一个个大碟子一样的地形——这就是什么"洼"了。

这样的地形组合形式，结合当地农作物分布，显现一幅非常有趣的微地貌和土壤分布图。

瞧呀！在平时没有水，有时在雨季暂时局部积水的古河床内，种的是不怕积水的高秆作物。

古河床两边的一溜溜沙丘上，种了许多果树。果树结出甜丝丝的水果，也可以固沙，不让流沙蔓延，真是一举两得。

再往外面走，就是一些"无影山"以及一片片斜坡，是最主要的棉花种植地。这里的土壤不黏也不是沙土，不会积水烂根，非常适合主根作物棉花的生长。

　　在最低洼的洼地里，是河流泛滥时最细的黏土沉积。这种土壤的孔隙度很差，只有小麦这样的须根作物才能在这里生长。

　　这种微地貌和土壤分布规律，与众多河流泛滥摆动有密切关系。这里的多沙性河流的河床，常常是高出地面的"悬河"。随着河水泛滥，就形成了这种从河床、斜坡到河间洼地，从沙土、壤土到黏土，由近而远的水平分布规律。微地貌分布规律，也就清清楚楚了。

小知识

如何简单鉴定土壤的粒度

　　按照粒度划分，一般土壤可以分为沙土、壤土、黏土三大类。鉴定的方法很简单：加水后也很难捏合在一起的是沙土；加水后可以捏合并搓成细条，但是弯曲的时候会产生裂缝的是壤土；加水后可以捏合搓成细条，并能弯曲不裂的是黏土。

第二十章
黄泥巴、红泥巴

这是一个真实的案例。

我说是"案例"，因为这的确是一个真实发生的小案件。我自己就是当事人，绝对不是虚构。

20世纪70年代，当时成都的公检法系统基本"停摆"了。成都警备区成立了两个收容站，暂时执行公共安全任务。其中一个设在成都地质学院，我担任办公室主任，负责一些具体事务。

有一天，一个在公共场所无理取闹的人，激怒了周围群众，以扰乱公共秩序的名义被扭送到我们这里，接受批评教育。这本来是一件不大的事，批评几句就可以释放。可是当我看了他的证件后，突然发现这是一个假证件，引起了警惕。

这个人自称是四川省中部某县某单位的工作人员，世世代代都住在那里。拿出来的一张出差证明说是单位发的，看起来很正规。我忽然发现了问题，因为我觉得证明上的公章字样十分眼熟。原来是不久前，我们在执行一次任务中，从一个私刻公章的窝点缴获过，章刻在一个黄杨木象棋子"红兵"的背面。这种象棋子的尺寸正好和当时一些公章一样，犯罪分子就利用这一点，私自刻了许多"公章"出售。

我心中有数了，暂时撇开审查的问题，转而问他："你说是那里的人，问你一个情况好吗？"

他听了微微一怔，神情有些紧张，外表却还保持住镇静，不知道我会怎样"刁难"他，提问什么难题。

我发现了他的内心惶恐，不动声色地问："你能够告诉我，那里的泥巴是什么颜色吗？"

这个人想不到，居然会问他这样简单的问题，一下子放松了绷紧的神经，长长舒了一口气，大大咧咧说："嗨，就是黄泥巴嘛！"

我提醒他："你再好好想一想，到底是不是黄泥巴？"

他完全放松了，大声说道："当然是黄泥巴啰，还有什么好说的吗？我正忙着呢，如果没有别的什么事情，我可要走啦！"

这一来，我更加清楚了，板着面孔对他说："你胡说！那里是红泥巴！"

他做梦也没有想到，会在这样的问题上露了馅儿，显然有些慌乱了，气势不再那么嚣张，却还极力狡辩，一再声称他就是那个地方、那个单位派出来的出差人员，绝对没有错。

看来这个家伙是不见棺材不落泪了。我不再和他啰唆，转身对一个助手说："把保管室里的那个'红兵'拿来。"

我把那个象棋"红兵"握在手里，再一次向他交代政策："坦白从宽，抗拒从严，必须老实交代，不许说假话。"并扬起捏紧的手掌，最后警告他："我再给你一次机会。如果不交代清楚，我一打开手，你就没有时间了。"

他不知道我手里捏的是什么东西，还妄想蒙混过去。我张开

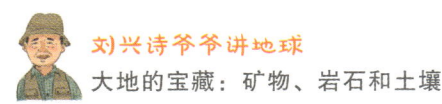
手将那个"红兵"，蘸着鲜红的印泥，在他的所谓身份证明上盖下去，和伪造的公章字样并排在一起。叫他自己看，完全一模一样。

往后的事情还用多说吗？他面对这一切，一下子傻了眼，被我们控制起来。最终查明他是一个流窜诈骗犯，将他转送到他该去的地方了。

话说到这里，人们不禁会问，为什么我知道当地泥土的颜色？为什么那儿的泥土不是通常的土黄色，而是红色的？

说来道理很简单。因为我恰巧在那里考察过，印象十分深刻。我知道那里广泛分布白垩系晚期的地层，以厚层砖红色泥岩为主。岩石风化后生成的土壤，当然也就是这个颜色。

这件事可巧了。恰巧我们缴获了那个假公章，恰巧我在那里考察过，似乎是瞎猫撞着死耗子。不过也证明了一个根本法则：天网恢恢，疏而不漏。

呵呵呵，这是一场不折不扣的"科学审案"。想不到岩层和风化后的泥土颜色，在这儿也派上了用场。

风化作用

自然界的风化作用包括物理风化、化学风化和生物风化。

物理风化是一种纯机械的破坏作用，会使岩石崩解为细小的碎块和碎屑。化学风化不仅改变了岩石的结构构造，还改变了化学成分。

生物风化包括动植物和微生物的影响，既有物理的，也有化学的方式。前者例如树根生长发展使岩石破裂，蚂蚁、蚯蚓钻洞挖土的破坏等；后者例如动植物分泌的有机酸、碳酸、硝酸和氢氧化铵等溶液对岩石的腐蚀。土壤的形成，就经历了一些化学风化和生物风化的作用。

建筑物上石头的盐风化

地质时代和地层的称呼

由于恐龙的原因，人们听惯了侏罗纪这个名字。成千上万的人看了电影《侏罗纪公园》，侏罗纪的名字更加深入人心了。与此相应，白垩纪的名字也流传开来。为什么谈到土壤时又说什么侏罗系、白垩系呢？没准儿有人会问，是不是作者老糊涂，把这些名词弄错了？"纪"和"系"两个字有什么差别？

不，我没有弄错。干了一辈子地质工作，如果连这个 ABC 的基础玩意儿也弄错，那就该挨板子了。

"纪"和"系"是两个不同的时代和地层的单位。在地质学里，时代从先到后是"代""纪""世""期"，相应的地层就叫作"界""系""统""层"。例如我们现在生活的时代是新生代、第四纪、全新世、亚大西洋期，这时候的某个地层就是新生界、第四系、全新统的某一个地层。

紫色土

上文说的"红泥巴"，实际上就是紫色土的一种。这是一种形成在亚热带地区紫红色砂页岩母质上的土壤。由于这些砂页岩非常疏松，在强烈的物理风化和水流侵蚀作用下，很容易破碎崩解成为土壤。不消说，这种土壤的性质和它的母岩非常相近，从上到下整个剖面都是均一的紫色或紫红色，层次很不明显，永远也不褪色，就叫作紫色土。

紫色土是一种年轻的土壤，大多分布在起伏不平的丘陵上，水土流失严重，土层很薄。由于没有经过长期耕作，也没有长期植被生长的历史，有机质含量低。可是它直接继承了母岩的成分，磷、钾含量丰富，所以肥力也比较高。

因为四川盆地内普遍分布中生代的红色岩层，风化后形成这种土壤，所以它被称为"红色盆地"。其中，生成在侏罗系地层上的，由于受母岩颜色的影响，主要呈紫红色；生成在白垩系地层上的，主要呈砖红色。

紫色土大多富含碳酸钙、磷、钾等营养元素，肥力很高，利于作物生长。可是因为它是由直接暴露在地表的岩石生成的，风化速度也快，物理崩解作用强烈，所以水土流失比较严重。为了解决这个问题，聪明的农民常常在山坡旱地上筑起横向沟垄，这样就可以尽量避免雨后的水土流失了。耕作中还需要注意蓄水灌溉、增施有机肥料、合理轮作，以提高粮食作物和其他农作物的产量。

第二十一章
红土地

大地是什么颜色？

北方人说，黄色的呀！

南方人说，红色的呀！

土地到底是什么颜色？到底是黄的，还是红的？北方人和南方人，到底谁是对的，谁说错了？

不，都没有错。北方就是黄土地，南方就是红土地。

哦，似乎有些不对呀！人们的嘴里老是念叨黄土地、黄土地，怎么又冒出了红土地这个词儿呢？

说来道理很简单，因为古时候大家都尊崇"四海之内、天地之中"的中原。中原大地主要就是黄土高原和黄土平原，当然就是一片黄土地呀！可是中国之大，岂仅是中原地带？四方大地还广阔着呢！长江以南的南方，并不比中原的面积小。南方没有黄土，放眼一看，几乎到处是一片红，好像一幅鲜艳的红色图画。

这不是我在前面一章说的那种红色岩石风化残余的红泥巴，不是四川盆地里特有的紫色土，而是另一种常见的红壤。所在的

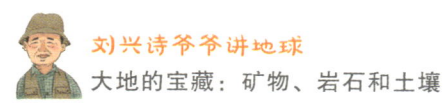
地方不管什么岩石、土壤统统是红色。

咦，这可奇怪了。杂七杂八颜色的岩石上面以及大片的土壤怎么都是红的？

土壤学家说，这和岩石本身的颜色没有关系，是特定的气候环境形成的。在湿热的环境条件下，土壤剖面经过了特殊的作用变化过程。

主要是富铝化作用的影响。

这儿湿热多雨，剖面内的风化淋溶作用特别强烈。首先就是含铁和铝的矿物遭到强烈分解，岩石里的矿物大部分形成各种氧化物。铁和铝就变成了氧化铁和氧化铝。

氧化铁是红的，土壤当然也就变成红的了。这样的土壤，就

云南昆明的
红土地

是人们常说的红壤。

氧化铝是白的，在红色的剖面下部，生成一条条白色的条纹。一片红彤彤的土层里，夹杂着一条条白色的氧化铝纹路，成为特殊的网纹红土。不管远观近看，都非常美丽。咔嚓拍一张照片，作为永远的记忆。

瞧，红色的泥土，岂不就这样形成了吗？

白居易有一首诗中提到了红色的泥土：

绿蚁新醅酒，

红泥小火炉。

晚来天欲雪，

能饮一杯无？

这首诗是诗人在中原北方写的，这个红泥小火炉不知是什么原料做的。不管怎么说，"红泥"这个词儿，总也反映了泥土也有红的。

是呀！在我国南方许多地方，泥土常常就是一片红，好像一幅鲜艳的红色图画，真美丽啊！

到江西、湖南去看吧，到广东、广西去看吧，到福建、台湾去看吧，到云南、海南岛去看吧。特别是在南岭内外的一些省份，几乎所有的山冈和平地，统统是一派鲜艳的红色。难怪有人把云南的诗歌叫作"红土地诗歌"，广东也有"红土诗社"，人们离不开深深眷爱的红土地。

南方的土壤都是红壤吗？那也不见得。

土壤学家说，这儿除了常见的红壤，还有底土泛黄的黄壤和

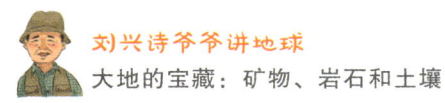

颜色更红的砖红壤。

黄壤形成的环境有些不一样。这儿的天气和泥土都比较湿润，在这样的条件下，氧化铁变成了黄色，土壤也就跟着有些发黄了。

在砖红壤的形成过程中，氧化作用更加强烈，所以土壤剖面就成为常见的红砖一样的颜色。

红壤、黄壤、砖红壤是南方大地的地带性土壤。红土地和黄土地分布同样广泛，都是咱们最最爱恋的土地。

小卡片

红壤的形成过程

土壤学家说，在红壤的形成中，有两个重要的过程。

一个是富铝化过程。也就是在强烈淋溶的作用下，除了特别坚固稳定的石英，绝大多数的矿物都形成了各种氧化物，随着水向下渗透。氧化铁和氧化铝逐渐聚集，就形成了富含铁、铝的红色土壤了。

另一个是有机质的富集过程。亚热带的常绿阔叶林生长非常茂盛，每年积聚了大量落叶和别的有机质。这样不断积累，在旺盛的微生物分解作用下，就会使落叶迅速分解，在土壤剖面里积累许多有用的元素，大大增加土壤的肥力。

第二十二章
"人造土壤"水稻土

啊，水稻！

啊，大米饭！

今天，人们的饮食生活中，怎么能离了白花花、香喷喷的大米饭？特别是在我国广阔的南方，馒头、面条可以不吃，却万万离不了一碗米饭。以我自己来说吧，1950 年到北京，除了早上在食堂啃一个馒头，偶尔吃几块大饼或一碗面条什么的，几乎没有一顿不吃米饭，这样一直过了七八年。

南方人嘛，从小养成了习惯，有什么办法呢？

对于南方人来讲，吃饭就是吃米饭，从来没有吃馒头一说。人们对米饭的喜爱程度，简直就和北方人喜欢吃馒头、面条，过年过节必须包饺子一个样。

米饭离不开水稻。南方人爱吃米饭，自然也对水稻特别关心啰。

请看南宋诗人范成大写的《四时田园杂兴》之一吧：

新筑场泥镜面平，

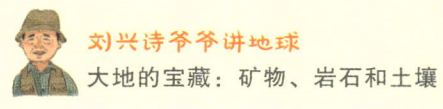

家家打稻趁霜晴。

笑歌声里轻雷动，

一夜连枷响到明。

这首诗描述了收割稻米后打场的热烈景象。趁着天晴干燥，噼噼啪啪整整打了一夜稻谷，人们又唱又笑，多么欢乐呀！

说起水稻，不得不提水稻土。

水稻不是在一般的土壤里生长的，它的生长离不了一种特殊的土壤。

这是什么土壤？这就是土壤科学里专门列出来的一种水稻土，研究者把它写进了一篇篇论文、一本本教科书，全世界所有的专家学者都承认。

呵呵，多么牛气啊！种水稻的土壤就是水稻土。请问，种小麦、大麦、萝卜、土豆的，还能叫作小麦土、大麦土、萝卜土、土豆土吗？

为什么水稻土有这样的殊荣？因为它和别的土壤不一样，不是大自然生成的，而是人工培育出来的一种特殊的人造土壤。

哈哈！我们听说过人造革、人造丝、人造奶油，还没有听说过什么人造土壤呢。难道这种土壤和前面说的那些人造产品，统统是工厂里制造出来的吗？

不是的，世界上还没有工厂制造的人造土壤。

土壤就是土壤，为什么说是人造的？概括地讲，这种土壤就是在人们栽种水稻的过程中，经过在水里人为浸泡、耕种熟化的一种耕作土壤。

请注意，水稻土的形成，有一个

丰收的水稻

水浸的特殊过程。在这样的环境里，土壤长期处在水淹的缺氧状态中，土壤里的氧化铁就被还原成易溶于水的氧化亚铁了。经过插秧阶段的浸泡，后来又排水，受了具有通气组织的稻根输送氧气的影响，氧化亚铁又被氧化成氧化铁沉淀，形成一些锈斑、锈纹，看起来和别的土壤大不相同。

这样浸水又排水、还原与氧化的过程交替进行，水稻土的剖面结构也与众不同了。在最上面的熟化层以下，还有比较紧实的犁底层、季节性灌水渗透形成的渗育层、黏粒比较多的淀积层和潜育层等。其结构看起来和别的土壤明显不一样。既然这是在种植水稻的过程中生成的土壤，当然就特别适合水稻生长。

你知道吗？

经济发展中的土壤警报

水稻土是人工的杰作，也是生产稻米的温床，更是老祖宗留给我们的宝贵遗产。一片片水稻土，得要经过好几百年，甚至上千年的漫长时间才能形成，我们可要好好爱护它。别为了修建什么高级别墅、高尔夫球场、宽阔的马路和漂亮的写字楼，随随便便就破坏了。

近年来，随着经济的发展，一些城市追求短期效益，盲目开发，侵占了大量农田。我们的人口在增加，耕地在减少。越来越突出的粮食问题，不能只依靠袁隆平呀！

可喜的是，我在成都附近新都区的一个村，遇见一位村委会主任，他是从大西北转业回来的退伍军人，他带领大家坚决拆掉村里可以赚大钱但对环境有影响的工厂，将那里重新恢复为水稻田，真的很有远见！

后 记

　　知识如果是无边的森林，一门门学科就是大树。人的短促一生，不可能了解、掌握浩瀚森林般的学识，也很难成为巍峨矗立的参天大树。特别像我这样平庸愚鲁的人，就更加不可能了。

　　1950 年，我进入北京大学地质系。1952 年院系调整，地质系合并到新成立的北京地质学院（今天为中国地质大学）。我不愿离开北大这样学习气氛浓厚、思想宽松的学习环境，转系进入以清华大学地学系为主体，合并而成的地质地理系自然地理专业。清华地学系本身有一部分师生，加上燕京大学的侯仁之（担任系主任）先生，接着再招了一个班的新生，建立了一个规模很小的新系，简直没法和别的大系相比。我一下子抛弃了过去所学的基础，从头由新专业的大一念起。由于当时形势的需要，1950 年入学的大学生，统统在 1953 年毕业。我这一转系就弄到 1956 年才从北大毕业，傻不傻？不过话又说回来，傻人自有傻福，傻乎乎多学了一个专业，也没有什么不好。双专业的基础，加上贫穷带来的"优势"，着实占了许多便宜。

贫穷能有什么"优势"？且听我细细道来。下面一段题外的话，也许会对今天的学生读者有所启发。

从前我的家境还算好，所以有幸进入南开中学，打下了坚实的知识基础。想不到1951年，父亲中风瘫痪，家里没了经济来源，我成了北大地质系的贫困生。那时候所有学生的学费、伙食费全免，学校给我每月4元的甲等助学金。我觉得这是人民的血汗钱，感到惭愧、不能接受，只要了每月2元的丙等助学金（当时北大学生一个月的伙食标准为12元5角），生活自然俭朴得不能再俭朴。5分钱一根的冰棍，几年内吃过几根，记得一清二楚。所以后来我每次返回北大，总要在西门对面蔚秀园门内的小店，吃一盘炒饼忆苦思甜——炒饼在当时可是不可多得的美味佳肴。那时候偶尔进一次城，只能借同学的自行车，另外早上在食堂多拿两个馒头，再夹一块咸菜。一路跋涉后，在王府井、西单大街边坐下慢慢啃馒头、咸菜，对身边散发出阵阵诱人香味的餐厅、小食摊，看也不看一眼。口渴了就找一个自来水管咕嘟嘟喝几口。

所有这一切，加之我出生在"九一八"那年，经历了南京沦陷前夕大撤退逃亡的苦难，是在民族危难的血火经历中成长的孩子，因此，我永远难忘民族耻辱，难忘国家人民培育的恩情，做到了一生认认真真努力工作，习惯了把国家民族利益放在个人利益之上。所以有一家海外公司打算邀请我加入，条件说得很诱人，问我还要什么条件，我回答："只要一个词，那就是最亲爱的'China'。"我是有国籍归属的，不认同今天有些年轻人，自诩为高人一等的"世界公民"，一步跨出去就再也不回头。

唉，我这样干呀、干呀，直到耄耋之年的今天，直到人生四大疾苦之一的死亡即将来临时，依旧争分夺秒奋力工作。每天早晨 7 点就起床干活，晚上 10 点准时上床睡觉，几乎放弃了娱乐与休闲。我坚持继续在野外工作不息，给孩子们写书不息。因为杂事很多，一般只能一个月或一个半月写一本，并不断否定自己的风格尝试创新。如果不用这个速度，就会来不及了。至今在境内外出版了 203 种 277 本图书，这个数据还在不断更新。有人问我："老先生身体好吗？"我笑答道："比不上去年，比明年好。"大家叫我刘老。我说，就叫老刘吧。我不敢自以为是什么玩意儿，只有埋头干活最重要。是呀！来日不多，再不抓紧工作，就没有机会了。死亡不必害怕，不必抓紧享受，应该和时间赛跑，多做工作才对。往后灰飞烟灭，我们都会被忘记并不留一点痕迹，但是只要记住，咱们的民族曾经有一个苦难的时代，有一些人为之努力奋斗过。谁呀谁，算得了什么！记住那个大时代，激励后人奋发图强，高高举起接力棒就够了。大家说，是不是？

噢，话说得跑题了，再回到在北大的穷学生时代吧。那时候要节约邮费，又要给父母写信汇报，我总是用最薄的纸，两面写得满满的，到邮局称重刚好达到不加费的标准才寄出。那时候不能打工，我没有一点收入，还得想法从助学金里节约一部分，攒到年底，在"同仁堂"买几盒活络丹之类的药寄回去。虽然明知这不能给父亲治病，但也是给老人的心理安慰，让我这远方的穷儿子心里好受些。贫穷不是耻辱，没有志气才是最大的耻辱。艰苦生活的磨炼，是一笔珍贵的财富，我相信什么苦日子都能挺过去。加之以后地质工作的经历，更加增添了对待生活的特殊韧性，所以至今还保留着艰苦朴素的习惯。说起来，这真要感谢那一段北大求学的经历。

那时候因为没有钱，寒暑假不能回家，我就整天泡图书馆，不管什么书都看。阅读了许多别处不能看到的珍贵古籍，文、史、哲以及天文、地理等领域也广泛涉猎，做了许多笔记、卡片。可惜的是，在20世纪60年代那个不正常的岁月，这些资料连同过去几乎所有的课堂笔记等，不幸全部散失。可是，积累在身的知识却不会消失，对我以后触类旁通地开展工作起到了很大的作用。

我就在这样的情况下，改行步入了地理专业，偏重于地貌学的研究。后来毕业留校，进一步得到培育，也没脱离地理学的基本范畴。1985年在成都理工学院（更早称成都地质学院，今天为成都理工大学）主持建立了地理专业，发展成为今天的旅游与城乡规划学院，也是吃过去的老本。

1958年，全国建立许多新学校、新专业，国家要求北大、清华等校支援。曾经教过我们植物生态学课程、德高望重的学部委员（今称院士）李济侗先生也毅然离开燕园，远赴内蒙古大学担任副校长。我就在这场大潮中，和一个同伴来到武汉的华中师范学院（今天为华中师范大学），协助建立地理系。这个地理系建成后，我再到成都地质学院，讲授当时该校尚无人讲授的地貌学与第四纪地质学的课程。

当年没有去北京地质学院，如今却到了成都地质学院，似乎是命运的决定，但也算是归了队。可是认真来讲，我却缺失了地质专业一大段基础学习经历，未免有些缺憾。后来参与了许多野外地质工作，特别是进行区域地质填图以及执行其他任务，一番番风里来雨里去的摸爬滚打，总算是进了门。在当时的地质队伍中，比较缺乏的就是地貌学、第四纪地质学的专业人员，所以我依旧被派遣在这个领域内冲锋陷阵，很少介入真正的地质找矿主流。

以找矿来说吧，我参加的项目就很少，擅长的仅仅限于砂矿地质学。那是在北大期间在苏联专家列别杰夫手下学习过的，又是和自身比较熟悉的河道水流动力学、河流地貌学相关的一门学问。后来，一位熟识的成都企业家，取得老挝境内湄公河流域部分地区砂金开采权后，拟邀请我为总顾问，开出了高额报酬外加技术入股的诱人条件。此时，正处在汶川大地震期间，我从北京匆匆赶回来，投身在第一线工作。黄金虽然诱人，可是当时我确实不能接受。我穿一件红色衣服，戴一顶红帽子，没日没夜在灾区内外工作。我当时的任务是在断裂带周围巡视，在余震到来时就地观察，进行发震机制研究，制订灾后重建计划。同时，通过电视、报纸等媒体宣讲防震知识，安定人心，稳定社会秩序。在此期间曾经两次负伤，先后得到原沈阳军区和原兰州军区野战医院救治。

我在这儿说了一大通，无非表明，在地质科学领域内，我多少有些先天不足、后天失调，存在着一定的缺陷。这本书所涉及的矿物学、矿床学方面的知识，对我来说就是一个短板。譬如一个大医院，包含了内科、外科、儿科、五官科、皮肤科等许多专门科室，各有专家，对任何一个医生来说，虽然也知道一些别的专业知识，但毕竟水平不如相关学科的行家里手。比如患心脏病的病人，绝对不会挂五官科的号，肚子痛也不会找口腔科。我写这本小册子就是这样的。局外人看，似乎是专家；局内人之间，就像是外科大夫看内科，多少有些跨越专业、外行冒充内行之嫌。我这样亮底，是让读者知道我的根基，本人绝对不是什么包打一切的"全能大专家"，务请大家多多理解原谅，谢谢！

需要再说一句的是，其中写得不多的土壤部分，却真的是涉及我的自身专业。大学期间我曾学过好几门名师开设的有关土壤学的课程，参加过一些野外实习。特别是1956年，参加了著名土壤学家熊毅、席承藩先生主持的水利部华北平原土壤调查。我们走遍黄河以北、渤海以西的广阔华北平原，实打实经历了一场硬仗，收益很大。毕业后，在当年中科院系统优先选择毕业生的政策规定下，学校以研究生的名义将我预留下来，得到土壤学家李孝芳先生青眼相待，招至其门下做助教，虽然不久又调出，毕竟也受到了李先生的培育，土壤学还略知一二。矿物、矿床方面也非我的强项，野外经验不多。在这里要说老实话，一是一，二是二，不敢大包大揽。再次恳请大家理解原谅，再次谢谢！

刘兴诗

2017 年，86 岁于成都理工大学